高等学校·电子信息类规划教材

微型计算机

原理及应用

实验指导

张开洪　胡久永　姜建山　刘潮涛 ◎ 编著

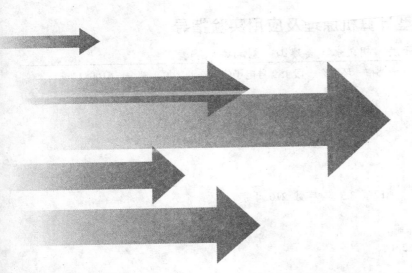

电子科技大学出版社

图书在版编目（CIP）数据

微型计算机原理及应用实验指导 / 张开洪等编著.
一成都：电子科技大学出版社，2012.12
ISBN 978-7-5647-1052-1

Ⅰ. ①微…　Ⅱ. ①张…　Ⅲ. ①微型计算机－高等学校
一教学参考资料　Ⅳ. ①TP36

中国版本图书馆 CIP 数据核字（2012）第 229111 号

内 容 提 要

　　本书是配合《微型计算机原理及应用》的实验指导教材。本书的最大特点是，在接口实验部分抛弃了传统接口实验箱，所有关于接口芯片的硬件实验都在当前流行的 PC 机上进行，既省去了实验过程中学生无谓的连线，又能使学生通过对硬件的编程，感受到各种可编程接口芯片的功能和使用方法。

　　全书分为汇编语言程序设计实验和接口技术实验两部分，另外在书后列有相关附件。汇编语言程序设计实验共 7 个，包括程序调试工具 DEBUG 的使用、汇编语言源程序的上机过程、键盘输入屏幕输出程序设计、分支程序设计、循环程序设计、子程序设计和软中断程序设计。接口技术实验共 5 个，包括 8259A 与 PC 机硬件中断实验、8255A 与 PC 机的键盘操作实验、8253 与 PC 机的时钟操作，PC 机的发声与延时程序编写实验和 PC 机上的串行通信实验。每一个实验均给出了必要的预备知识和实验参考程序。在书后列有 8086 指令系统、8086 宏汇编常用伪指令、DOS 系统功能调用（INT 21H）、BIOS 系统功能调用、Debug 命令、ASCII 码的编码方案 6 个附录。本书可作为教师教学和学生学习的参考用书。

　　本书设计的实验程序是多年教学实践经验的总结，具有一定的代表性和实际意义，颇具参考价值，既可以作为高等院校计算机和电子信息类各专业"微机原理与接口技术"和"微型计算机原理"课程的实验教材、成人高等教育的培训教材，也可供广大从事计算机软硬件开发的工程技术人员参考。

微型计算机原理及应用实验指导

张开洪　　胡久永　　姜建山　　刘潮涛　编著

出　　版：	电子科技大学出版社（成都市一环路东一段 159 号电子信息产业大厦　邮编：610051）	
策划编辑：	罗　雅	
责任编辑：	罗　雅	
主　　页：	www.uestcp.com.cn	
电子邮箱：	uestcp@uestcp.com.cn	
发　　行：	新华书店经销	
印　　刷：	四川川印印刷有限公司	
成品尺寸：	185 mm×260mm　　　印张 8.5　　字数 210 千字	
版　　次：	2012 年 12 月第一版	
印　　次：	2012 年 12 月第一次印刷	
书　　号：	ISBN 978-7-5647-1052-1	
定　　价：	18.00 元	

前　言

除科学计算外，微型计算机已被广泛应用于数据处理和过程控制领域。这些应用除了对系统的实时性有很高的要求外，还要用专门的输入设备将有关信息输入计算机，用专门的输出设备输出处理结果或对被控对象实施控制。为此，必须对计算机的工作原理有深入的了解，对计算机的逻辑组成、工作原理、与外界的接口技术以及直接依赖于计算机逻辑结构的机器语言、汇编语言编程方法等进行学习。

"微型计算机原理及应用"课程就是基于这一目的而设置的，通过该课程的学习，使学生初步掌握微型计算机总线及接口的特点和常用接口芯片的工作原理与使用方法；能够读懂简单的接口电路原理图及相关的控制程序；根据要求能够设计较为简单和常用的接口控制线路，并编写相应的程序段。

本书是"微型计算机原理及应用"课程的配套实验教材，融入了编者多年教学和科研的经验，并配有大量应用实例。本书的最大特点是，在接口实验部分抛弃了传统接口实验箱，所有关于接口芯片的硬件实验都在当前流行的 PC 机上进行，既省去了实验过程中学生无谓的连线，又能使学生通过对硬件的编程，感受到各种可编程接口芯片的功能和使用方法。

全书分为汇编语言程序设计实验和接口技术实验两部分，共 12 章，另外在书后列有相关附件。本书结构编排合理，实例丰富，深入浅出，详略得当，既可以作为高等院校计算机和电子信息类各专业"微型计算机原理及应用"课程的实验教材、成人高等教育的培训教材，也可供广大从事计算机软硬件开发的工程技术人员参考。

本书由张开洪、胡久永、姜建山、刘朝涛编著。第 1、2、3 章由姜建山编写；第 4、5、6章由胡久永编写；第 7、8、9、10 章由张开洪编写；第 11、12 章由刘朝涛编写。全书由张开洪整理和统稿。

本书在编写过程中得到了许多专家的大力支持和热情帮助，他们对本书的出版提出了许多宝贵的意见和建设性的建议，在此一并表示衷心的感谢。

鉴于编者的水平有限，加之新技术的不断涌现，书中难免有不完善之处，恳请广大读者批评指正。

编著者

2012 年 11 月

目　录

第一部分　汇编语言程序设计实验

第二部分　接口技术实验

第一部分
DIYI BUFEN

汇编语言程序设计实验

第1章

程序调试工具 DEBUG 的使用

1.1 实 验 目 的

（1）熟悉 DEBUG 的常用命令。
（2）掌握 DEBUG 下运行简单汇编语言源程序的过程及方法。
（3）掌握 DEBUG 调试汇编语言源程序的过程及方法。

1.2 预 备 知 识

在 MS-DOS、Windows 98、Windows 2000、Windows XP、Vista 和 Windows 7 中都提供有程序调试工具 DEBUG，其文件名是 DEBUG.EXE，可以在命令提示符"＞"下运行之。在进入 DEBUG 的提示符"-"之后，用户可以通过 DEBUG 的汇编命令输入汇编语言源程序，并将其汇编成机器语言程序加载存储到指定的地址空间，然后便可运行、调试输入的程序。

使用 DEBUG 运行汇编语言程序简单方便，但只能编写仅含一个代码段的小型程序，这对学习汇编语言的指令，了解、熟悉指令的功能带来极大的方便。

1.3 DEBUG 命令

调试程序 DEBUG 有如下的功能特点：
（1）在受控环境中测试程序；
（2）装入、显示、修改任何文件；
（3）执行 DOS 程序；
（4）完成对磁盘的读、写操作；
（5）建立或汇编汇编语言程序。

1. 启动 DEBUG 的命令格式

在命令提示符下启动 DEBUG 的完整格式如下：

[drive:][path] DEBUG [d:][p][filename][.exe][param...]

其中：

drive：指定 DEBUG 文件存放的磁盘驱动器标识符，DEBUG 是操作系统的外部命令，所以必须把它从磁盘读入内存。若未指定，操作系统将使用当前默认磁盘驱动器。

Path：是操作系统查找 DEBUG 文件的一个子目录串表示的路径。若未指定，DOS 将使用当前工作目录。

注意：在 Windows 98、Windows 2000、Windows XP 和 Windows 7 下，操作系统已经把 DEBUG.EXE 存放的位置作为命令提示符下查找文件的搜索路径之一，所以直接输入"DEBUG"并按回车键就可以启动 DEBUG，勿需指出 DEBUG.EXE 在机器中存储的位置。

d：是 DEBUG 将要调试的文件所在的磁盘驱动器。

p：是查找 DEBUG 将要调试的文件所需的子目录路径。若未指定，DOS 使用当前目录。

filename[.exe]：是 DEBUG 将要调试的文件名。

param：是将被调试的程序（或文件）的命令行参数。

说明：

①启动 DEBUG 后，DEBUG 完成初始化操作，若没有指定调试的文件，则在启动 DEBUG 后：

◇段寄存器 CS、DS、ES 和 SS 置为 DEBUG 程序后的第一个段。

◇指令指针寄存器 IP 置为 100H（程序段前缀 PSP 后的第一个语句）。

◇堆栈指针 SP 置为段末或 COMMAND.COM（DOS 的命令解释器）暂驻部分的结束地址（其中较小的那个地址）。

◇其余通用寄存器均置为 0，标志寄存器置为下述状态：

NV　UP　EI　PL　NE　NA　PO　NC

即：程序状态字的 OF=0、DF=0、IF=1、SF=0、ZF=0、AF=0、PF=0、CF=0。

②如果 DEBUG 命令行含有文件名，段寄存器 DS 和 ES 指向 PSP。寄存器 BX|CX 为程序长度，即读入文件的字节数。

2．DEBUG 的单字母命令

表 1.1　DEBUG 使用单字符命令表

命　令	格　式	命　令	格　式
汇编	A [地址]	命名	N [设备：][路径]文件名[.扩展名]
比较	C [范围]	输出	O 口地址
转出	D [范围]或[地址]	继续执行	P [=地址][值]
键入	E 地址[表]	退出	Q
填入	F 范围表	寄存器	R [寄存器]
执行	G [=地址][地址[地址…]]	搜索	S 范围表
十六进制	H 值 值	跟踪	T [=地址]或[范围]
输入	I 口地址	反汇编	U [地址]或[范围]
装入	L [地址[设备扇区，扇区]]	写	W [地址[设备扇区，扇区]]
移动	M 范围 地址		

DEBUG 命令是在 DEBUG 提示符"-"下，由键盘键入的。每条命令以单个字母的命令符开头，然后是命令的操作参数。DEBUG 命令操作的共同特点有：

（1）DEBUG 接受和显示的数都用十六进制数表示，都不用尾标"H"。

（2）命令和参数都不区分大、小写，可以用大写、小写或混合方式输入。

（3）命令和参数间，可以用定界符分隔（空格、制表符、逗号等）。但是，定界符只是在两个相邻接的 16 进制数之间是必需的。因此下面的命令是等效的：

-DCS:100 110

-D CS:100，110

-D，CS:100，110

（4）若 DEBUG 检查出一个命令的语法错误，则 DEBUG 将用"^Error"指出。例如：

-dcs:100 cs:110

          ^ Error

（5）在输入 DEBUG 的命令行时，可以用常用的编辑键。

（6）可以用 Ctrl+Break 组合键或 Ctrl+C 组合键来中断一个命令的执行，返回到 DEBUG 的提示符。

（7）若一个命令产生相当多的输出行时，为了能看清屏幕上的显示内容，可以按 Ctrl+S 组合键，暂停显示输出。

（8）表示地址的参数通常表示一个内存区域的开始地址和结束地址，由段地址和偏移地址两部分组成。段地址可以用一个段寄存器或 4 位十六进制数表示，偏移地址只能用 4 位 16 进制数表示。段地址和偏移地址之间用冒号作为分隔符。

（9）端口地址只用于输入输出命令，是一个两位的十六进制数。

（10）参数中的驱动器号是指磁盘读写操作的驱动器，0 代表驱动器 A，1 代表驱动器 B，2 代表驱动器 C，3 代表驱动器 D……

3．汇编命令 A（Assemble）

-A [address]

功能：该命令允许键入汇编语言语句，并能把它们汇编成机器代码，相继地存放在从指定地址开始的存储区中。

说明：

①输入程序时，以回车结束一行语句的输入，同时提示下一行语句的起始地址。如：

-a

0B27:0100 mov ax，ffff

0B27:0103

当程序输入结束时，在提示的地址后面键入回车结束汇编操作，返回 DEBUG 提示符。

②在 DEBUG 下键入的数字均看成十六进制数，所以如要键入十进制数，则要转换为十六进制数后，在键入。如 100D 转换为 64H 后输入（仍不能输入尾标）。

③命令中提供地址的形式有三种：

◇段地址：偏移地址

◇段寄存器：偏移地址

◇偏地址

如果不给出段地址，是用 CS 的值作为段地址；如果不提供存储地址，是以 CS:0100 作为地址。

4．比较命令 C（Compare）

实现内存数据间的比较，其格式为：

-C range address

range：是源地址范围，由<起始地址><终止地址>指出的一片连续的内存单元，或由<起始地址> L<长度>指定的存储区域。

addres：目标起始地址。

功能：从 range 的起始地址单元起，逐个与 address 以后的单元顺序比较，直到源地址终止为止。遇到有不一致的字节，以<源区地址><源区内容><目标区内容><目标区地址>的形式显示失配单元的内容。

例：下面两条命令是等效的，都将对内存中从 CS:0100 开始的 10 个字节，与从 CS:1000 开始的 10 个字节进行比较：

-c 0100 0109，1000

-c 0100 LA，1000

其输出结果均为：

```
0B25:0100    C0  99  0B25:1000
0B25:0101    74  30  0B25:1001
0B25:0102    0C  8C  0B25:1002
0B25:0103    32  06  0B25:1003
0B25:0104    E4  26  0B25:1004
0B25:0105    E8  92  0B25:1005
0B25:0106    EB  89  0B25:1006
0B25:0107    E1  3E  0B25:1007
0B25:0108    74  24  0B25:1008
0B25:0109    F1  92  0B25:1009
```

5．显示存储单元的命令 D（Dump）

-D[address]或

-D[range]

功能：以两种形式显示指定内存范围的内容。一种为十六进制形式的内容，一种形式为相应字节的 ACII 码，对非字符字节以"．"代替。

例如，按指定范围显示存储单元内容的方法为：

-d100 120

```
0B25:0100    30 31 32 34 35 36 37 38-39 F1 47 FE C4 EB EC 4F      012456789.G....O
0B25:0110    A0 B7 96 C6 46 00 02 0A-E4 75 05 3A 34 00 14 0B      ....F....u.:4...
0B25:0120    AA
```

其中 0100 至 0120 是 DEBUG 显示的单元内容。左边用十六进制表示每个字节，右边用 ASCII 字符表示每个字节，"．"表示非字符字节。这里没有指定段地址，D 命令自动显示 DS 段的内容。如果只指定首地址，则显示从首地址开始的 80 个字节的内容。如果完全没有指定地址，则显示上一个 D 命令的最后一个单元的内容。

6. 修改存储单元内容的命令 E（Enter）

输入命令 E，有两种格式如下：

第一种格式可以用给定的内容表来替代指定范围的存储单元内容。命令格式为：

-E address [list]

其中 list 为用空格作为分隔符的字节数据表。

功能：将[list]的内容写入 address 为起始地址的一片存储单元。例如：

-EDS:100　F3'XYZ'8D

其中 F3，X，Y，Z 和 8D 各占一个字节，该命令可以用这五个字节来替代存储单元 DS:0100-0104 的原先的内容。

第二种格式则是采用逐个单元相继修改的方法。命令格式为：

-E address

功能：显示 address 指定的存储单元内容，等待用户输入更新值，输入修改值后按空格后，又显示下一单元的内容，并等待用户输入新值……这样可以连续修改多个连续存储单元的值，回车结束该命令的执行。例如：

-E CS:100

则可能显示为：

18E4:0100 89. –

如果需要把该单元的内容修改为 78，则可以直接键入 78，再按空格键可接着显示下一个单元的内容，这样可以不断修改相继单元的内容，直到 Enter 键结束该命令为止。

7. 填写内存单元命令 F（Fill）

-Frange　list

功能：将 list 中的内容逐字节填入指定的地址范围，list 中的内容使用完后会自动重复使用。

例如，-F4BA:0100L 5 F3'XYZ'8D

使 04BA:0100-0104 单元包含指定的五个字节的内容。如果 list 中的字节数超过指定的范围，则忽略超过的项；如果 list 的字节数小于指定范围，则重复使用 list 填入，直到填满指定的所有单元为止。

8. 执行程序命令 G（Go）

-G [=address1][address2[address3 ...]]

功能：从指定地址开始运行程序。其中，address1 指定了运行的起始地址，如不指定则从当前的 CS:IP 开始运行，后面的地址均为断点地址。当指令执行到断点时，就停止执行并显示当前所有寄存器及标志位的内容和下一条将要执行的指令。若不指定断点，则运行到程序正常结束为止。

注意：若程序不能正常结束则可导致退出 DEBUG 状态，返回命令提示符，甚至死机。

9. 十六进制算术运算指令 H（Hex）

完成两个十六进制数的加、减运算，格式为：

- H value1 value2

功能：求十六进制数 value1 和 value2 的和与差，并显示结果。

例：

-h a f

0019　FFFB

显示的第一个数为和，第二个数为差。

10．端口输入命令 I（Input）

显示指定输入接口中输入的数据。其格式为：

-I port

功能：将指定端口 port 输入的数据显示在屏幕上。

11．装入命令 L（Load）

装入命令把磁盘上指定扇区范围的内容装入存储器从指定地址开始的区域中。其格式为：

-L [address] [drive] [firstsector] [number]

功能：把 drive 上，从 firstsector 起，共 number 个逻辑扇区上的所有字节，顺序读入指定的内存 address 的一片连续单元。当 L 后的参数缺省时，必须在 L 之前由 N 命令指定（或进入 DEBUG 时一并指定）所读盘的文件名，L 执行后将文件装入内存 CS:0100 开始的存储区中。

说明：

①address 为内存地址，缺省值为 CS:0100。

②drive 为驱动器号，0 表示驱动器 A，1 表示驱动器 B，2 表示驱动器 C，3 表示驱器 D……

③firstsector 为读取磁盘逻辑扇区的起始号，其取值为从 0 开始的正整数。

④number 是读取磁盘的逻辑扇区数。

12．内存数据移动命令 M（Move）

格式：

-M range address

其中源地址和目标地址都只输入偏移量，段寄存器为 DS。

功能：把 range 中的数据移动到目标地址 address 开始的一片连续的存储区。

13．命名命令 N（Name）

-N filespecs [filespecs]

功能：把两个文件标识符格式化在 CS:5CH 和 CS:6CH 的两个文件控制块中，以便在其后用 L 或 W 命令把文件装入内存或存入磁盘。filespecs 的格式可以是：

[d:][path] filename[.ext]

例如：

-N myprog.dat

-L

可把文件 myprog.dat 装入存储器。

14．端口输出命令 O（Output）

向指定的输出接口输出数据。其格式为：

-O port byte

功能：把字节数据 byte 从指定端口 port 输出。

15. 逐行跟踪程序命令 P（Proceed）

-P[=address] [number]

功能：功能同下面介绍的命令 T。不同的是，当 P 命令执行的是 CALL 或 INT n 指令时，将一次执行完整个子程序或中断处理程序，通过寄存器返回执行的结果。

16. 退出 DEBUG 命令 Q（Quit）

-Q

功能：退出 DEBUG，返回命令提示符。本命令无存盘功能，如需存盘应先使用 W 命令。

检查和和修改寄存器内容的命令 R（Register）

该命令有三种不同的格式：

（1）显示 CPU 内所有寄存器内容和标志位状态，其格式为：

-R

例如，

-r

AX=0000　　BX=0000　　CX=010A　　DX=0000　　SP=FFFE　　BP=0000　　SI=0000 DI=0000

DS=18E4　　ES=18E4　　SS=18E4　　CS=18E4　　IP=0100　　NV UP DI PL NZ NA PO NC

18E4:0100 C70604023801　　MOV　　WORD PTR[0204]，0138　　　DS:0204=0000

其中标志位状态的含义可见表 1.2。

表 1.2　标志位含义

标 志 名		标志为 1	标志为 0
OF	溢出（是/否）	OV	NV
DF	方向（减量/增量）	DN	UP
IF	中断（允许/关闭）	EI	DI
SF	符号（负/正）	NG	PL
ZF	零（是/否）	ZR	NZ
AF	辅助进位（是/否）	AC	NA
PF	奇偶（偶/奇）	PE	PO
CF	进位（是/否）	CY	NC

（2）显示和修改某个寄存器内容，其格式为：

-R register name

例如，键入

-r ax

系统将响应如下：

　　AX 0000：

即 AX 寄存器的当前内容为 0000，如不修改则按 Enter 键，否则键入欲修改的内容如：

　　-rbx

　　BX 0000：059F

则把 BX 寄存器的当前内容修改为 059F。

（3）显示和修改标志位状态，命令格式为：

-RF

系统将响应，如：

OV DN EI NG ZR AC PE CY -

此时如不修改其内容可按 Enter 键，否则建入欲修改的内容，如：

OV DN EI NG ZR AC PE CY - PONZDINV

即可，键入的顺序是任意的。

17. 搜寻指定数据命令 S（Search）

格式：

-S range list

功能：在内存指定范围内搜索 list 中的数据，找到后显示元素所在地址。

例：

-s cs:0100 LA 37

0B25:0106

表示在[0B25:0106]处找到了一个"7"。

18. 逐指令跟踪程序命令 T（Trace）

跟踪命令 T 有两种格式：

（1）逐条指令跟踪

-T[=address]

功能：从指定地址起执行一条指令后停下来，显示所有寄存器内空及标志位的值。如未指定则从当前的 CS:IP 开始执行。

（2）多条指令跟踪

-T[=address][value]

功能：从指定地址 address 起执行 value 条指令后停下来。若不给出地址 address，则执行 CS:IP 指定的指令；若没有提供要执行的指令条数，则只执行一条指令。

注意：

①若 T 命令执行的是 CALL 或 INT n 指令时，将跟踪到子程序或中断服务程序内部，逐条执行指令。

②在开始跟踪执行程序的第一条指令时，必须给出程序第一条指令的地址，若继续执行后继指令只需要简单的输入命令 T。

19. 反汇编命令 U（Unassemble）

反汇编是指对内存指定区域的内容，以汇编语句形式显示，同时显示地址用相应的机器码。反汇编命令 U 有两种格式。

（1）从指定地址开始，反汇编 32 个字节，其格式为：

-U[address]

例如：

-u 100

18E4:0100　　C70604023801　　　MOV　　WORD PTR[0204]，0138

18E4:0106	C70606020002	MOV	WORD PTR[0206]，0200
18E4:010C	C70608020202	MOV	WORD PTR[0208]，0202
18E4:0112	BB0402	MOV	BX，0204
18E4:0115	E80200	CALL	011A
18E4:0118	CD20	INT	20
18E4:011A	50	PUSH	AX
18E4:011B	51	PUSH	CX
18E4:011C	56	PUSH	SI
18E4:011D	57	PUSH	DI
18E4:011E	8B37	MOV	SI，[BX]

如果地址被省略则从上一个 U 命令的最后一条指令的下一个单元开始显示 32 个字节。

（2）对指定范围内的存储单元进行反汇编，格式为：

-U[range]

例如：

-u 100   10C

18E4:0100	C70604023801	MOV	WORD	PTR[0204]，0138
18E4:0106	C70606020002	MOV	WORD	PTR[0206]，0200
18E4:010C	C70608020202	MOV	WORD	PTR[0208]，0202

说明：在进行反汇编操作时，一定要确认指令的起始地址后在操作，否则将得不到正确的结果。连续进行反汇编操作时，可以省略地址，DEBUG 自动以上-U 命令操作结束后的下一地址为反汇编的起始地址。

20．写命令 W（Write）

写命令 W 有两种功能：

（1）把数据写入磁盘的指定扇区。其格式为：

-W [address] [drive] [firstsector] [number]

功能：把内存中，从地址 address 开始的连续区域的数，写入驱动器 drive 指定的磁盘中，写入磁盘的第一个扇区为 firstsector，扇区数为 number。

（2）把数据写入指定的文件中。其格式为：

-W [address]

功能：此命令把指定的存储区中的数据写入由 CS:5CH 处的文件控制块所指定的文件中。如未指定地址则数据从 CS:0100 开始。要写入文件的字节数应先放入 BX 和 CX 中。

1.4 示 例

【例 1.1】在 DEBUG 下运行如下程序。

MOV DL，33H	；字符 3 的 ASCII 码送 DL
MOV AH，2	；使用 DOS 的 2 号功能调用
INT 21H	；进入功能调用，输出'3'
INT 20H	；BIOS 中断服务程序，正常结束。

该程序运行结果是在显示器上输出一个字符 "3"。如果要输出其他字符，请改变程序中 '33H' 为相应字符的 ASCII 码。

运行步骤：

（1）进入 DEBUG

在命令提示符下，键入 DEBUG〈Enter〉，即

C:\>DEBUG〈Enter〉

屏幕显示：-

"-" 是进入 DEBUG 的提示符，在该提示符下可键入任意 DEBUG 命令。现在用 A 命令输入程序如下：

（2）输入程序并汇编

-a100〈Enter〉

0B25:0100 mov dl, 33〈Enter〉

0B25:0102 mov ah, 2〈Enter〉

0B25:0104 int 21〈Enter〉

0B25:0106 int 20〈Enter〉

0B25:0108〈Enter〉

-

至此程序已输入完，汇编成机器指令，顺序存放于 CS 段 100H 起始的 8 个存储单元。

如果在汇编后想看一下机器指令是什么样子的话，方法之一是可以用反汇编命令 U 作如下操作：

（3）反汇编

-u100 108〈Enter〉

0B25:0100 B233	MOV	DL, 33
0B25:0102 B402	MOV	AH, 02
0B25:0104 CD21	INT	21
0B25:0106 CD20	INT	20

-

右边是汇编指令，中间是该汇编指令的机器码，左边是存放该条指令的内存单元地址。

（4）运行程序

-G〈Enter〉

3

Program terminated normally

-

（5）写 COM 文件

-R BX〈Enter〉

BX 0000

:〈Enter〉

-R CX〈Enter〉

CX 0000

```
:A <Enter>
-N C:\TEMP\EXCOM.COM <Enter>
-W <Enter>
Writing 0000A bytes
-
```

其中（BX）*10000H+（CX）用于指定所写的字节数，（BX）为该数的高 16 位，（CX）为该数的低 16 位。因此，上面的过程实际上是要将 0AH 个字节写入文件 EXCOM.COM，该文件保存在 C 盘的 TEMP 子目录下。

（6）输入机器指令程序

```
-E 200 B2 33 B4 02 CD 21 CD 20 <Enter>
-
```

（7）显示内存

```
-D 200 208 <Enter>
169C:0200   B2 33 B4 02 CD 21 CD 20-61        .3...!..a
-
```

（8）执行机器指令程序

```
-G=200 <Enter>
3
Program terminated normally
-
```

（9）退出 DEBUG 返回 DOS，执行 EXCOM.COM 文件

```
-Q
```

（10）在命令提示符下执行程序

```
C:\TEMP>EXCOM <Enter>
3
C:\TEMP>
```

【例 1.2】进入 DEBUG，用 A 命令输入字节数据加法程序，用 R 命令显示状态，并用 T 命令单条执行。

（1）进入并用 A 命令写入汇编源程序

```
C:\DOS>DEBUG <Enter>
-A <Enter>
1392:0100   MOV AH，3 <Enter>
1392:0102   MOV AL，2 <Enter>
1392:0104   ADD AL，AH <Enter>
1392:0106   INT 20 <Enter>
1392:0108 <Enter>
-
```

（2）用 R 命令显示寄存器状态

```
-R <Enter>
```

```
AX=0000   BX=0000   CX=0000   DX=0000   SP=0000   BP=0000   SI=0000   DI=0000
DS=1392   ES=1392   SS=1392   CS=1392   IP=0100   NV  UP  EI  PL  NZ  NA  PO
NC
1392:0100   B403     MOV AH，03
-
```

（3）用 G 命令执行，但看不到计算结果

```
-G <Enter>
Program   terminated   normally
-
```

（4）用 T 命令单条执行，可以看到中间结果

```
-T
AX=0300   BX=0000   CX=0000   DX=0000   SP=0000   BP=0000   SI=0000   DI=0000
DS=1392   ES=1392   SS=1392   CS=1392   IP=0102   NV UP EI PL NZ NA PO NC
1392:0102   B002     MOV AL，02
-T
AX=0302   BX=0000   CX=0000   DX=0000   SP=0000   BP=0000   SI=0000   DI=0000
DS=1392   ES=1392   SS=1392   CS=1392   IP=0104   NV  UP  EI  PL  NZ  NA  PO  NC
1392:0104   00E0     ADD AL，AH
```

（5）再执行 T 命令，可以看到最终结果

（AL）=5

```
-T
AX=0305   BX=0000   CX=0000   DX=0000   SP=0000   BP=0000   SI=0000   DI=0000
DS=1392   ES=1392   SS=1392   CS=1392   IP=0106   NV UP EI PL NZ NA PO NC
1392:0106   CD02     INT 20
-T
AX=0305   BX=0000   CX=0000   DX=0000   SP=0000   BP=0000   SI=0000   DI=0000
DS=1392   ES=1392   SS=1392   CS=011C   IP=1094   NV UP DI PL NZ NA PO NC
011C:1094   90       NOP
-
```

（6）退出

```
-Q <Enter>
C:\>
```

1.5　实　验　题

【实验 1.1】在 DEBUG 下运行下述程序，查看执行结果，并将其作为可执行文件存入 C 盘。

```
MOV AX，0FEH        ；被乘数 0FEH 送 AX
MOV CL，2
SHL AX，CL          ；被乘数乘以 4，结果送 AX
```

MOV BX，AX	；被乘数乘以 4 的结果送 BX 保留
MOV CL，2	
SHL AX，CL	；被乘数乘以 16，结果送 AX
ADD AX，BX	；被乘数乘以 20，结果在 AX 中
MOV [300H]，AX	；将积存入 DS 段第 300H-301H 号内存单元
MOV AH，4CH	；将功能号 4CH 送 AH
INT 21H	；执行 DOS 的 4CH 号功能调用，结束程序返回 DOS。

该程序运行结果是将 0FEH 乘以 14H，结果放在 DS 段第 300H-301H 号内存单元中。

（1）进入 DEBUG，显示 300H 至 301H 号内存单元内容

C:\>DEBUG〈Enter〉

-D 300 301〈Enter〉

1392:0300 00 00

（2）用 A 命令装入程序段并汇编

-A〈Enter〉

1392:0100　　　MOV AX，0FE〈Enter〉

1392:0102　　　MOV CL，2〈Enter〉

1392:0104　　　SHL AX，CL〈Enter〉

1392:0106　　　MOV BX，AX〈Enter〉

1392:0108　　　MOV CL，2　〈Enter〉

1392:010A　　　SHL AX，CL〈Enter〉

1392:010C　　　ADD AX，BX〈Enter〉

1392:010E　　　MOV [300]，AX〈Enter〉

1392:0111　　　MOV AH，4C〈Enter〉

1392:0113　　　INT 21〈Enter〉

1392:0116〈Enter〉

-

（3）用 T 命令执行到断点处（程序正常结束前）停止

-T=100，8〈Enter〉

AX=13D8　BX=3F80　CX=0000　DX=0000　SP=0000　BP=0000　SI=0000　DI=0000

DS=1392　ES=1392　SS=1392　CS=1392　IP=0111　　　　NV UP DI PL NZ NA PO NC

1392:0111 B44C　　　MOV AH，4C

-

（4）用 D 命令显示 300H 至 301H 的内容（最终结果）

-D 300 301〈Enter〉

1392:0300　　D8 13

-

（5）用 R 命令指定写盘文件长度

-R BX〈Enter〉

BX 3F80

:0 〈Enter〉

-R CX 〈Enter〉

CX 0000

:16 〈Enter〉

-

（6）用 N 命令命名写盘文件

-N C:\TEMP\YWZCHF.COM 〈Enter〉

（7）用 W 命令写盘

-W 〈Enter〉

Writing 00016 bytes

-

（8）用 Q 命令退出 DEBUG 环境，返回命令提示符

-Q 〈Enter〉

C:\>

（9）在 DOS 环境运行 YWZCHF.COM

C:\TEMP>YWZCHF 〈Enter〉

C:\TEMP>

（10）将 YWZCHF.COM 装入内存运行

C:\TEMP>DEBUG 〈Enter〉

-N C:\TEMP\YWZCHF.COM 〈Enter〉

-L 〈Enter〉

-T=100，8 〈Enter〉

AX=13D8　BX=3F80　CX=0000　DX=0000　SP=0000　BP=0000　SI=0000　　DI=0000

DS=1392　ES=1392　SS=1392　CS=1392　IP=0111　　　NV UP DI PL NZ NA PO NC

1392:0111 B44C　　MOV AH，4C

-D 300 301 〈Enter〉

1392:0300　D8 13

（11）用 Q 命令退出 DEBUG 环境，返回 DOS

-Q 〈Enter〉

C:\>

【实验 1.2】在 DEBUG 环境下，送入一个加法源程序并汇编成可执行代码；将其作为可执行文件 JIAFA.COM 存储到 C 盘；在 DOS 命令行执行可执行文件 JIAFA.COM；进入 DEBUG，将可执行文件 JIAFA.COM 装入内存 CS:100H 处运行，并用 T 命令查看运算结果。

C:\TEMP>debug 〈Enter〉

-A 〈Enter〉

169C:0100 MOV AX，8A6D 〈Enter〉

169C:0103 ADD AX，0382 〈Enter〉

169C:0106 MOV [0200]，AX 〈Enter〉

169C:0109 MOV AH，4C 〈Enter〉

```
169C:010B INT 21 〈Enter〉
169C:010D 〈Enter〉
-R BX 〈Enter〉
BX 0000
: 〈Enter〉
-R CX 〈Enter〉
CX 0000
:D 〈Enter〉
-N C:\TEMP\JIAFA.COM 〈Enter〉
-W 〈Enter〉
-Q 〈Enter〉
C:\TEMP>
C:\TEMP>DEBUG 〈Enter〉
-N A:JIAFA.COM 〈Enter〉
-L 〈Enter〉
-G 〈Enter〉
Program terminated normally
-T=100，3 〈Enter〉
AX=8DEF   BX=0000   CX=0000   DX=0000   SP=0000   BP=0000   SI=0000   DI=0000
DS=1392   ES=1392   SS=1392   CS=1392   IP=0109   NV UP DI PL NZ NA PO NC
1392:0111 B4 4C        MOV AH，4C
-D 200 201 〈Enter〉
169C:0200 EF 8D
-Q 〈Enter〉
C:\TEMP>
```

第2章

汇编语言源程序的上机过程

2.1 实验目的

（1）熟悉汇编语言源程序上机的一般过程和方法。
（2）掌握宏汇编程序 MASM 5.1 和链接程序 LINK 3.6 的使用方法。
（3）了解 DEBUG 调试汇编语言源程序的过程及方法。

2.2 预备知识

汇编语言源程序上机实验的操作一般分为以下四个步骤进行。

1．编辑源程序

利用文本编辑工具（如命令提示符下的 EDIT、WINDOWS 下的记事本等），生成一个汇编语言源程序的纯文本文件.ASM。在汇编语言源程序中，一行只能写一条语句，以回车结束。例如：

```
;源程序名：HELLO.ASM
;功能：显示一个字符串
data    segment
mesage db "How do you do.", 0dh, 0ah, 24h
data    ends
code    segment
        assume cs:code, ds:data
start:  mov ax, data
        mov ds, ax
        lea dx, mesage
        mov ah, 09h
        int 21h
        mov ah, 4ch
        int 21h
code    ends
        end start
```

在命令提示符下，起动 EDIT 编辑上述汇编语言源程序的格式为：

C:\temp>edit hello.asm

编辑存盘后，便可以在当前目录下生成一个源程序文件 hello.asm。

2. 汇编源程序

利用汇编器（如 MASM5.1、MASM6.11 或 TASM）对源程序进行汇编，生成目标代码文件.OBJ。汇编器按汇编语言的语法检查源程序，如果源程序中有语法错误的行，就不能生成目标代码文件。在此种情况下，就要回到第一步，重新编辑源程序，修改语法错误的行。当发现源程序中的某些行含可疑成分或不确定因素时，汇编器会给出警告信息，但仍按缺省处理办法生成目标代码文件。这种情况下，可以重新编辑源程序，消除可疑成分或不确定因素。

总之，只有汇编器没有报任何出错信息和警告信息，生成目标代码文件，才能结束编辑源程序和汇编源程序这两步的工作。

如果汇编程序 MASM.EXE，与源程序文件都存放在当前目录下，上述源程序进行汇编的格式为：

C:\temp\masm hello.asm

Microsoft （R） Macro Assembler Version 5.10

Copyright （C） Microsoft Corp 1981， 1988. All rights reserved.

Object filename [hello.OBJ]:⟨Enter⟩

Source listing   [NUL.LST]: ⟨Enter⟩

Cross-reference [NUL.CRF]: ⟨Enter⟩

48910 + 446461 Bytes symbol space free

0 Warning Errors

0 Severe   Errors

查看当前目录，就可以见到生成的目标代码文件 hello.obj。

3. 链接目标程序

利用链接器（如 LINK 和 TLINK）链接目标代码程序和库函数代码生成可执行程序文件.EXE。链接器对一个单模块的连接不会发生链接错误，总可以顺利地生成可执行程序文件。当多个模块链接，或者与库中的函数连接时，如果在目标代码文件或者库中找不到所需要的连接信息，链接器就会发出错误提示信息，而不生成可执行程序文件。这就需要修改源程序，使得汇编器生成的目标代码文件含有连接器需要的信息。这样的修改主要是对伪指令和汇编语言操作符的修改，或者是对名字符号的修改。这时，又要回到第一步编辑源程序，重新操作第二步汇编源程序。

如果链接程序 LINK.EXE，与目标代码文件 hello.obj 都存放在当前目录下，上述程序进行链接的格式为：

C:\temp>link hello.obj⟨Enter⟩

Microsoft （R） Overlay Linker   Version 3.60

Copyright （C） Microsoft Corp 1983-1987. All rights reserved.

Run File [HELLO.EXE]:<Enter>

List File [NUL.MAP]:<Enter>

Libraries [.LIB]:<Enter>

LINK : warning L4021: no stack segment

查看当前目录，就可以见到链接生成的可执行程序文件 hello.exe。最后一行的信息是 LINK 给出的警告信息，表示没有堆栈段。该警告信息不影响可执行程序文件的生成，生成的可执行程序使用缺省的堆栈（操作系统提供的程序堆栈）。利用动态调试工具可以看到缺省堆栈的位置。

4．调试可执行程序

查执行程序文件生成后，就可以在提示符下执行该程序。上述程序执行的格式是：

C:\temp>hello<Enter>

How do you do.

如果程序执行情况与预期不同，或执行时操作系统报告出错信息，就要通过调试工具（如 DEBUG、TDEBUG 等）进行动态调试，查找程序的问题。查到问题后，又重新回到第一步，重新开始，修改源程序中的问题。

关于汇编器和调试工具的使用，我们在下面将作较详细的介绍。

2.3　示　　例

【例】设 X 和 Y 均为 16 位无符号数，写一个求表达式 16X+Y 值的程序。

由于表达式中的 X 和 Y 是 16 位数，表达式的结果可能要超出 16 位，所以定义两个字变量用于保存 X 和 Y，另外用一个 32 位的双字变量来保存计算结果。

（1）利用文本编辑器完成以下程序的编辑。

```
;源程序名 test2.asm
dseg    segment
xxx     dw 1234h              ;设 X 为 1234H
yyy     dw 5678h              ;设 Y 为 5678H
zzz     dd ?                  ;双字变量，用于保存结果
dseg    ends
cseg    segment  'CODE'       ;指定代码段的类别名，以便用 MASM 6.11 汇编
        assume cs:cseg，ds:dseg
start:  mov ax，dseg           ;DS←数据段段地址
        mov ds，ax
        mov ax，xxx            ;AX←X
        xor dx，dx
        mov cx，16
        mul cx                ;DX|AX←X*16
        add ax，yyy            ;DX|AX←DX|AX+Y
        adc dx，0
```

```
                mov word ptr zzz，ax        ;zzz←DX|AX
                mov word ptr zzz+2，dx
                mov ah，4ch                 ;结束程序，返回操作系统
                int 21h
cseg    ends
          end start
```

（2）利用宏汇编程序 MASM5.1 对源程序进行汇编生成目标文件 test2.obj：

D:\asm>masm test2.asm

Microsoft （R） Macro Assembler Version 5.10

Copyright （C） Microsoft Corp 1981，1988. All rights reserved.

Object filename [test2.OBJ]:

Source listing　[NUL.LST]:

Cross-reference [NUL.CRF]:

　48904 + 392547 Bytes symbol space free

　　　　0 Warning Errors

　　　　0 Severe　Errors

（3）利用链接程序 LINK3.6 对目标程序进行链接生成可执行文件 test2.exe：

D:\asm>link test2.obj

Microsoft （R） Overlay Linker　Version 3.60

Copyright （C） Microsoft Corp 1983-1987. All rights reserved.

Run File [TEST2.EXE]:

List File [NUL.MAP]:

Libraries [.LIB]:

LINK : warning L4021: no stack segment

（4）运行程序：

D:\asm>test2

D:\asm>

由于程序中没有显示功能，所以看不到计算结果。

（5）在 DEBUG 下运行程序，并查看计算结果。

D:\asm>debug test2.exe

-p=0

AX=17F1　BX=0000　CX=0031　DX=0000　SP=0000　BP=0000　SI=0000　DI=0000

DS=17E1　ES=17E1　SS=17F1　CS=17F2　IP=0003　　NV UP EI PL NZ NA PO NC

```
17F2:0003 8ED8              MOV        DS，AX
-p

AX=17F1   BX=0000   CX=0031   DX=0000   SP=0000   BP=0000   SI=0000   DI=0000
DS=17F1   ES=17E1   SS=17F1   CS=17F2   IP=0005    NV UP EI PL NZ NA PO NC
17F2:0005 A10000   MOV        AX，[0000]                        DS:0000=1234
-g
```

Program terminated normally
-dds:0
17F1:0000   34 12 78 56 **B8 79 01 00**-00 00 00 00 00 00 00 00   4.xV.y.........
即计算结果为：000179B8H

2.4　实　验　题

【实验】查表求 2^n。

提示：在起始地址为 array 的 15 个字单元中连续 2 的整数次幂，作为 2 的 n 次方表，通过查表计算 2 的 n 次幂，并把结果存储到 pwr 字单元中。

参考程序：

```
        .model small   ;说明程序采用小模式
        .data
array   dw 1，2，4，8，16，32，64，128，256，512 ;定义 2 的 n 次方表

        dw 1024，2048，4096，8192，16384
x       db 11                        ;给定的 n

pwr     dw ?
        .code
main    proc far
        push ds              ;保护程序头首地址

        sub ax，ax
        push ax
        mov ax，@data
        mov ds，ax
        mov bh，0            ;bx ←n

        mov bl，x
        shl bx，1            ;bx ← 2×n（对应表项的偏移量）
```

```
        mov ax，array[bx]    ;取出对应表项

        mov pwr，ax          ;保存查表结果

        ret
main    endp
        end main
```

说明：程序编辑、汇编、连接后生成可执行文件 ex24.exe，为了观察运行情况和结果，可以用 DEBUG 进行跟踪、查看。

第**3**章

键盘输入/屏幕输出程序设计

3.1 实 验 目 的

（1）熟悉最常用的 DOS 功能调用。
（2）掌握简单的键盘输入程序的编写方法。
（3）掌握简单的屏幕输出程序的编写方法。

3.2 预 备 知 识

MS-DOS（PC-DOS）内包含了许多涉及设备驱动和文件管理方面的子程序，DOS 的各种命令就是通过调用这些子程序实现的。为了方便程序员的使用，把这些子程序编写成相对独立的程序模块并且编上号。程序员利用汇编语言可方便地调用这些子程序。程序员调用这些子程序可减少对系统硬件环境的考虑和依赖，从而一方面可大大精简应用程序的编写，另一方面可使程序有良好的通用性。这些编了号的可由程序员调用的子程序就称为 DOS 功能调用或系统调用。一般认为 DOS 的各种命令是操作员与 DOS 的接口，而功能调用则是程序员与 DOS 的接口。在这里我们可以简单地认为它是一种类似于 C 语言中的库函数。

DOS 功能的调用主要包括三个方面的子程序：基本 I/O、文件管理和其他（包括内存管理、置取时间、置取中断向量、终止程序等）。随着 DOS 版本的升级，这种称为 DOS 功能调用的子程序数量也在不断增加，功能更完备，使用也更方便。

1．DOS 系统功能的主要类别

◇基本输入/输出管理：键盘、显示器、打印机、鼠标 I/O 等。
◇磁盘写管理。
◇文件管理。
◇内存管理。
系统功能调用方法
①AH←功能号
②寄存器←入口参数
③执行指令中断指令：INT 21H
④寄存器←出口参数（系统功能完成）
⑤读出存放出口参数的数据

2．基本 I/O 功能调用

（1）单字符输入

DOS 21H 的功能 1、7、8 从键盘（标准输入设备）读一个字符送入 AL 寄存器。

功能号 1：有回显（显示到标准出设备上，即监显示器）；

功能号 7：无回显；

功能号 8：无回显，读到 Ctrl+C 或 Ctrl+Break 结束程序。

例：用功能号 1 输入一个字符。

在 DEBUG 下：

-a

0B26:0100 mov ah，01

0B26:0102 int 21

0B26:0104 int 3

0B26:0105

-g=100

d

AX=0164　BX=0000　CX=0000　DX=0000　SP=FFEE　BP=0000　SI=0000　DI=0000

DS=0B26　ES=0B26　SS=0B26　CS=0B26　IP=0104　　NV UP EI PL NZ NA PO NC

0B26:0104 CC　　　　　　　　INT　　　3

（2）输入字符串（中断 21H 的 0AH 功能）

从键盘读入一串字符并把它存入用户定义的缓冲区中。

◇缓冲区首地址作为入口参数要置入 DS:DX。

◇缓冲区的第一个字节保存该缓冲区能存放的最大字符数，由用户程序设置。

◇缓冲区的第二个字节是实际输入的字符个数（不包含回车符），由功能 0AH 号功能读入字符串后填入，该字节后，开始存入字符串。

◇结束字符串输入要按回车，且回车符 0DH 还要占用一个字符，所以缓冲区实际的的空间为最大字符数+2。

◇如果输入的字符数超过缓冲区分配的空间，系统会响铃并放弃多余的字符，最后存入缓冲区的字符仍为回车符（0DH）。

例：用功能号 0AH 号功能输入一个字符串。

在 DEBUG 下：

-a100

0B26:0100 db 10，00，20，20，20，20，20，20，20，20，20，20；字符串缓冲区，第一个字节为总字节数

0B26:010C mov　dx，0100;dx←字符缓冲区首地址

0B26:010F mov ah，0a

0B26:0111 int 21

0B26:0113 int 3

0B26:0114

-g=10c

ABCDEFG

AX=0A0D BX=0000 CX=0000 DX=0100 SP=FFEE BP=0000 SI=0000 DI=0000
DS=0B26 ES=0B26 SS=0B26 CS=0B26 IP=0113   NV UP EI PL NZ NA PO NC
0B26:0113 CC   INT   3
-d0100
0B26:0100   10 07 41 42 43 44 45 46-47 0D 20 20 BA 00 01 B4   ..ABCDEFG. ....
            实现输入的字符数   回车

注意：实际输入的最大字符数=缓冲区字节数–1，最后一个字节用于存放回车符。

（3）清除键盘缓冲区（21H 的 0CH 功能）

0CH 功能清除缓冲区然后执行 AL 所指定功能。

AL 的指定功能可以是 1，6，7，8 或 0AH。

（4）检测键盘状态（DOS 21H 0BH）

如按下一个键，则 AL=0FFH，若无键按下则 AL=00，无论哪种情况都将继续执行程序中的下一条指令。

（5）DOS 显示功能调用（21h 的 2，6，9 功能）

功能号 2：显示字符。

dl=字符的 ASCII 码，在屏幕上显示该字符。

功能号 6：输入输出字符。

dl=0ffh 相当于 1 号功能，键盘输入字符送 al。

dl=ASCII 码，输出该字符。

功能号 9：输出字符串

[DS：DX=以$为结束符的字符串首地址，在屏幕上输出该串。

例:用功能号 02H 号功能输出显示一个字符。

在 DEBUG 下：

-a

0B26:0100 mov dl，64; dl←字符的 ASCII 码

0B26:0102 mov ah，02

0B26:0104 int 21

0B26:0106 int 3

0B26:0107

-g=100

d   ;屏幕上显示的字符

AX=0264 BX=0000 CX=0000 DX=0064 SP=FFEE BP=0000 SI=0000 DI=0000
DS=0B26 ES=0B26 SS=0B26 CS=0B26 IP=0106   NV UP EI PL NZ NA PO NC
0B26:0106 CC   INT   3

例：用功能号 09H 号功能输出显示一个字符串。

在 DEBUG 下：

-a

0B26:0100 db "ABCDEFGHIJKLMNO$"；字符串必须以$结尾

0B26:0110 mov ah，09

0B26:0112 mov dx，0100 ;dx←字符串首地址

0B26:0115 int 21

0B26:0117 int 3

0B26:0118

-g=110

ABCDEFGHIJKLMNO

AX=0924　BX=0000　CX=0000　DX=0100　SP=FFEE　BP=0000　SI=0000　DI=0000

DS=0B26　ES=0B26　SS=0B26　CS=0B26　IP=0117　　NV UP EI PL NZ NA PO NC

0B26:0117 CC　　　　　　　　INT　　　3

（6）打印机 I/O 中断

功能号 5：打印一个字符，dl=字符

说明：INT 21H 的功能 5 把一个字符送到打印机，字符必须放在 DL 寄存器中，这是唯一的 DOS 打印功能。如果需要回车、换行等打印机功能，必须由汇编语言程序送出回车、换行等字符码。

3.3　示　　例

【例】设 X 和 Y 均为 16 位无符号数，写一个求表达式 16X+Y 值的程序，并在屏幕上显示计算的结果。

显然本程序与【实验 2】中的【例 2.1】相同，只需要增加相应的显示功能，在这里编写一个子程序的 disply，以 16 进制方式显示计算的结果。程序如下：

（1）利用文本编辑器完成以下程序的编辑。

```
;源程序名 test2.asm
dseg    segment
xxx     dw 1234h              ;设 X 为 1234H
yyy     dw 5678h              ;设 Y 为 5678H
zzz     dd ?                  ;双字变量，用于保存结果
dseg    ends
cseg    segment   'CODE'      ;指定代码段的类别名，以便用 MASM 6.11 汇编
        assume cs:cseg, ds:dseg
start:  mov ax, dseg          ;DS←数据段段地址
        mov ds, ax
        mov ax, xxx           ;AX←X
        xor dx, dx
        mov cx, 16
        mul cx                ;DX|AX←X*16
        add ax, yyy           ;DX|AX←DX|AX+Y
        adc dx, 0
        mov word ptr zzz, ax  ;zzz←DX|AX
        mov word ptr zzz+2, dx
```

```
        call disply                   ;调用结果显示过程
        mov ah，4ch                    ;结束程序，返回操作系统
        int 21h
disply proc                           ;结果显示过程
        lea si，zzz+2
        mov dh，2                      ;dh←外循环次数 2（双字数据）
lp1:    mov bx，[si]                   ;取高位字送 bx
        mov cx，0404h                  ;内循环次数 4 送 ch，移位次数 4 送 cl
lp:     rol bx，cl                     ;bx 中的高 4 位循环移位到低 4 位
        mov dl，bl                     ;dl←bl
        and dl，0fh                    ;保留 dl 中的低 4 位，相当于 1 位 16 进制数
        add dl，30h                    ;dl←dl+30H，小于 0Ah 的数转换为 ASCII 码
        cmp dl，3ah
        jb next
        add dl，07h                    ;dl←dl+07H，0AH 以上的数转换为 ASCII 码
next:   mov ah，02h                    ;显示 dl 中的数字码
        int 21h
        dec ch                        ;内循环计数器 ch 减 1
        jnz lp                        ;ch 不为零，循环继续
        dec si                        ;si 指向低位字
        dec si
        dec dh                        ;外循环计数器 dh 减 1
        jnz lp1                       ;dh 不为零，循环继续
        mov dl，"H"                    ;显示 16 进制数的尾标
        mov ah，02h
        int 21h
        ret
disply endp
cseg   ends
        end start
```

（2）利用宏汇编程序 MASM5.1 对源程序进行汇编生成目标文件 test2.obj：

D:\asm>masm test2.asm

Microsoft （R） Macro Assembler Version 5.10

Copyright （C） Microsoft Corp 1981， 1988. All rights reserved.

Object filename [test2.OBJ]:

Source listing　[NUL.LST]:

Cross-reference [NUL.CRF]:

　48904 + 392547 Bytes symbol space free

　　0 Warning Errors

　　0 Severe　Errors

（3）利用链接程序 LINK3.6 对目标程序进行链接生成可执行文件 test2.exe：

D:\asm>link test2.obj

Microsoft　（R）　Overlay Linker　Version 3.60

Copyright　（C）　Microsoft Corp 1983-1987.　All rights reserved.

Run File [TEST2.EXE]:

List File [NUL.MAP]:

Libraries [.LIB]:

LINK : warning L4021: no stack segment

（4）运行程序：

D:\asm>test2

000179B8H

显然，结果是正确的。

3.4　实　验　题

【实验】实现一位加法的程序。

（1）题目：编写一个程序，分别提示输入两个一位的十进制数，然后输出这两个数的和。

（2）要求：程序运行时，先提示输入第一个加数，然后提示输入第二个加数。程序编辑、汇编、连接成功后，跟踪程序的运行情况，观察运行是否正确。

（3）提示：显示提示用 INT 21H 的 09H 号功能，输入一位数据用 INT 21H 的 01H 号功能。注意，从键盘输入的是数字的 ASCII 码，要转换为数值之后才能进行加法。转换的方法也很简单，即把 ASCII 码的高 4 位清 0，就得到与 ASCII 码对应的数值。

（4）参考程序：

```
        .model small
        .data
ptr1    db 0dh, 0ah, "Input first number:$"
ptr2    db 0dh, 0ah, "Input second number:$"
ptr3    db 0dh, 0ah, "Sum:$"
        .code
start:  mov ax, @data
        mov ds, ax
        lea dx, ptr1
        mov ah, 09h
        int 21h
        mov ah, 01h
```

```
        int 21h
        and al，0fh
        mov bl，al
        lea dx，ptr2
        mov ah，09h
        int 21h
        mov ah，01h
        int 21h
        and al，0fh
        xor ah，ah
        add al，bl
        aaa
        mov bx，ax
        mov ah，09h
        lea dx，ptr3
        int 21h
        mov dl，bh
        mov ah，02h
        add dl，30h
        int 21h
        mov dl，bl
        add dl，30h
        mov ah，02h
        int 21h
        mov ah，4ch
        int 21h
        end start
```

第4章

分支程序设计

4.1 实验目的

（1）掌握比较指令、转移指令在分支程序设计中的使用方法。

（2）掌握分支结构程序的组成。

（3）掌握分支程序的设计、调试方法。

4.2 预备知识

（1）无条件转移指令

①无条件段内直接转移指令

JMP　　标号

②无条件段内间接转移指令

JMP　　OPRD

这条指令使控制无条件地转移到由操作数 OPRD 的内容给定的目标地址处。操作数 OPRD 可以是通用寄存器，也可以是字存储单元。

③无条件段间直接转移指令

JMP　FAR　PTR 标号

这条指令使控制无条件地转移到标号所对应的地址处。标号前的符号"FAR　PTR"向汇编程序说明这是段间转移。只有当标号具有远属性，且标号处的指令已先被汇编的情况下，才可省去远属性的说明"FAR　PTR"。

④无条件段间间接转移指令

JMP　　OPRD

这条指令使控制无条件地转移到由操作数 OPRD 的内容给定的目标地址处。操作数 OPRD 必须是双字存储单元。

（2）条件转移指令

8086/8088 提供了大量的条件转移指令，它们根据某标志位或某些标志位的逻辑运算来判别条件是否成立。如果条件成立，则转移，否则继续顺序执行。条件转移指令是设计分支程序的重要指令。

所有条件转移都只是段内转移。

条件转移也采用相对转移方式。即通过在 IP 上加一个地址差的方法实现转移。但条件转移指令中只用一个字节表示地址差，所以，如果以条件转移指令本身作为基准，那么条件转移的范围在–126 至+129 之间。如果条件转移的目的超出此范围，那么必须借助于无条件转移指令。

条件转移指令不影响标志。

条件转移指令的格式列于表 4.1 中，有些条件转移指令有两个助记符，还有些条件转移指令有三个助记符。使用多个助记符的目的是便于记忆和使用。

条件转移指令使用得最多的转移指令。通常，在条件转移指令前，总由于条件判别的有关指令。

表 4.1 条件转移指令

指令格式		转移条件	转移说明
JZ/JE	标号	ZF=1	等于 0 转移/相等转移
JNZ/JNE	标号	ZF=0	不等于 0 转移/不相等转移
JS	标号	SF=1	为负转移
JNS	标号	SF=0	为正转移
JO	标号	OF=1	溢出转移
JNO	标号	OF=0	不溢出转移
JP/JPE	标号	PF=1	偶转移
JNP/JPO	标号	PF=0	奇转移
JB/JNAE/JC	标号	CF=1	低于转移/不高于等于转移/进位标志被置转移
JNB/JAE/JNC	标号	CF=0	不低于转移/高于等于转移/进位标志被清转移
JBE/JNA	标号	（CF 或 ZF）=1	低于等于转移/不高于转移
JNBE/JA	标号	（CF 或 ZF）=0	不低于等于转移/高于转移
JL/JNGE	标号	（SF 异或 OF）=1	小于转移/不大于等于转移
JNL/JGE	标号	（SF 异或 OF）=0	不小于转移/大于等于转移
JLE/JNG	标号	（（SF 异或 OF）或 ZF）=1	小于等于转移/不大于转移
JNLE/JG	标号	（（SF 异或 OF）或 ZF=1	不小于等于转移/大于转移

4.3 示 例

【例 4.1】三个数按从大到小排列。

从键盘上输入三个数，比较 ASCII 码的大小，完成顺序排列。数的输入写了一个过程，把输入的三个数码分别存入缓冲区。输出显示也写了一个过程，先显示提示，然后顺序输出显示缓冲区中的三个数码。

对于比较、排序操作可以用下面的图 4.1 说明。图中的变量 a，b，c 可以是存储单元，也可以是寄存器。

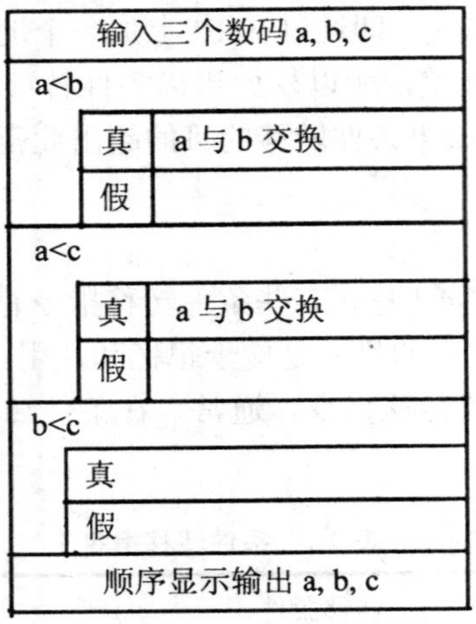

输入三个数码 a, b, c		
a<b		
	真	a 与 b 交换
	假	
a<c		
	真	a 与 b 交换
	假	
b<c		
	真	
	假	
顺序显示输出 a, b, c		

图 4.1　例 4.1 的流程图

程序如下：

```
datas      segment
buffer     db 3 dup（0）                         ;存放输入数据的缓冲区
pr1        db 0ah，0dh，"Input a numbers:$"      ;输入提示
pr2        db 0ah，0dh，"Sort:$"                 ;输出提示
datas      ends
codes      segment
           assume cs:codes，ds:datas
start:     mov ax，datas
           mov ds，ax                ;ds←数据段段地址值
           call input               ;调用输入过程
           mov si，offset buffer     ;si←缓冲首偏移地址
           mov al，[si]              ;al←缓冲区中的第一个数码
           mov bl，[si+1]            ;bl←缓冲区中的第二个数码
           mov cl，[si+2]            ;cl←缓冲区中的第三个数码
           cmp al，bl
           jae next1
           xchg al，bl               ;大数存入 al，小数存 bl
next1:     cmp al，cl
           jae next2
           xchg al，cl               ;大数存入 al，小数存入 cl
next2:     cmp bl，cl
           jae next3
           xchg bl，cl               ;大数存入 bl，小数存入 cl
next3:     mov [si]，al              ;把数码按从大到小的顺序存入缓冲区
           mov [si+1]，bl
           mov [si+2]，cl
```

```
        call display              ;调用显示过程
        mov ah，4ch
        int 21h
input   proc                      ;输入操作过程
        mov cx，3                  ;cx←循环次数=输入的数码个数
        lea si，buffer             ;si←缓冲区首地址
lp:     lea dx，pr1                ;dx←输入提示信息首地址
        mov ah，09h                ;显示输入提示信息
        int 21h
        mov ah，01h                ;输入一个数码到 al
        int 21h
        mov [si]，al               ;输入的数码存入缓冲区
        inc si                    ;si 指向缓冲区的下一个字节单元
        loop lp                   ;输入操作没有结束，返回 lp 输入下一个数码
        ret
input   endp
display proc                      ;显示输出过程
        lea dx，pr2                ;显示输出提示信息
        mov ah，09h
        int 21h
        lea si，buffer             ;si 指向缓冲区的首地址
        mov cx，3                  ;cx←循环输出显示的数码个数
lp1:    mov dl，[si]               ;dl←缓冲区中的数码
        mov ah，02h                ;显示数码
        int 21h
        mov dl，20h                ;显示空格
        mov ah，02h
        int 21h
        inc si                    ;si 指向下一个数码
        loop lp1
        ret
display endp
codes   ends
        end start
```

编辑、汇编、链接后，生成可执行程序文件 ex24.exe，在命令提示符下运行程序：

C:\temp>ex24

Input a numbers:2

Input a numbers:8

Input a numbers:5

Sort:8 5 2

【**例 4.2**】实现从键盘输入一位十六进制数的 ASCII 码，然后转换为相应的十六进制数，并保存到内存单元中。转换完成后，用二进制输出转换后的结果。

十六进制数与 ASCII 码的对应关系（字母只考虑大写的情况）如下：

0	1	2	3	4	5	6	7	8	9	A	B	C	D	E	F
30H	31H	32H	33H	34H	35H	36H	37H	38H	39H	41H	42H	43H	44H	45H	46H

从表中可知，如果一个十六进制数为 x，与之对应的 ASCII 码为 y，则有

$$y = \begin{cases} x+30H \cdots\cdots (0 <= x <= 9) \\ x+37H \cdots (0AH <= x <= 0FH) \end{cases}$$

反之，如果从键盘上输入一个十六进制数的 ASCII 码，要将其转换为相应的数值，其操作与上式相反：

$$x = \begin{cases} y-30H \cdots\cdots (30H <= x <= 39H) \\ y-37H \cdots (41H <= x <= 46H) \end{cases}$$

注:如果字母是小写，则上面两式中的 37H 用 57H 代替即可。

程序如下：

```
            .model small            ;采用小模式
            .data
xx          db ?                    ;存放转换结果
ascii       db "a"                  ;存放数码
pr1         db "Input a Hex number:$"头   ;输入提示
pr2         db 0ah, 0dh, "Binary:$"  ;输出提示
            .code
start:      mov ax, @data
            mov ds, ax              ;ds←数据段段地址
            mov dx, offset pr1
            mov ah, 09h
            int 21h                 ;显示输入提示
            mov ah, 01h
            int 21h                 ;输入一个数码
            mov ascii, al           ;保存输入的数码
            sub al, 30h
            cmp al, 0
            jb next5                ;是非十六进制数 ASCII 码
            cmp al, 9
            ja next2
            jmp next6               ;0-9 转换成功
next2:      sub al, 07h
            cmp al, 0Ah
```

```
        jb next5                    ;是非十六进制数 ASCII 码
        cmp al，0fh
        ja next3
        jmp next6                   ;A-F 转换成功
next3:  sub al，20h
        cmp al，0Ah
        jb next5                    ;是非十六进制数 ASCII 码
        cmp al，0Fh
        jbe next6                   ;a-f 转换成功
next5:  mov al，-1                  ;不是十六进制数码，存入-1
next6:  mov xx，al                  ;存储转换结果
        call display               ;调用输出转换过程
        mov ah，4ch
        int 21h
display proc                       ;二进制输出显示过程
        mov dx，offset pr2
        mov ah，09h
        int 21h                    ;显示提示
        mov bl，xx                  ;bl←转换后的数值
        mov cx，8                   ;cx←循环显示次数
lp:     rol bl，1                   ;bl 中的 d7 位循环左移到 d0 位
        mov dl，bl
        and dl，01h
        add dl，30h
        mov ah，02h
        int 21h
        loop lp
        ret
display endp
        end start
```

编辑、汇编、连接后，生成可执行程序文件 ex25.exe，在命令提示符下运行程序：

C:\temp>ex25

Input a Hex number:a

Binary:00001010

4.4　实　验　题

【实验 4.1】显示小于 1000 的素数。

（1）题目：写一个程序，在屏幕下列出小于 1000 的素数。

（2）要求：用十进制输出显示所示得的数

（3）提示：通过 16 位寄存器，用减法实现二进制数值到十进制数码的转换。

实验参考程序：

```
;用 16 位寄存器，转换显示用减法。
stack segment para stack 'stack'
        dw 50 dup（?）
stack   ends
data segment
   prt1 db "2-1000 间的所有素数:", 0ah, 0dh, "$"
data ends
code segment
        assume cs:code，ds:data
start:  mov ax, data
        mov ds，ax
        lea dx，  prt1
        mov ah，09h
        int 21h
        mov ah，02h
        mov dl，32h
        int 21h
        mov dl，20h
        int 21h
        mov dl，33h
        int 21h
        mov dl，20h
        int 21h
        mov bp，0        ;显示计数初值
        mov dx，0
        mov ax，3
ll2:    inc ax           ;修改被除数
        cmp ax，1000
        jb next3
        jmp next1
next3:  mov si，ax
        mov bx，ax
        shr bx，1        ;bx←除数最大值
        mov cx，2
ll1:    mov ax，si
        mov dx，0        ;判断被除数是否为素数
        div cx
        cmp dx，0
```

```
            je next4          ;余数为 0 放弃本能测试
            inc cx            ;除数加 1
            cmp cx, bx
            jbe ll1
            jmp next          ;在 x/2 没有查到可整除的数转示
next4:      mov ax, si
            jmp ll2
next:       inc bp            ;把素数转换为 ASCII 码并显示
            cmp bp, 14        ;控制每显示 14 个数
            jbe next2
            mov bp, 0
            mov ah, 02h
            mov dl, 0ah
            int 21h
            mov ah, 02
            mov dl, 0dh
            int 21h
next2:      mov cx, si
            mov dl, 0
ll:         cmp cx, 03e8h     ;找 1000 位值
            jnae l2
            inc dl
            sub cx, 03e8h
            jmp ll
l2:         or dl, 30h
            mov ah, 02h
            int 21h                  ;显示 1000 位
            mov dl, 0
l3:         cmp cx, 64h        ;找 100 位的值
            jnae l4
            inc dl
            sub cx, 64h
            jmp l3
l4:         or dl, 30h
            mov ah, 02h
            int 21h           ;显示 100 位
            mov dl, 0
l5:         cmp cx, 0ah       ;找 10 位的值
            jnae l6
            inc dl
```

```
            sub cx，0ah
            jmp l5
l6:         or dl，30h
            mov ah，02h
            int 21h                    ;显示 10 位
            mov dl，cl
            or dl，30h
            mov ah，02h
            int 21h                    ;显示个位
            mov dl，20h
            int 21h
            mov ax，si
            jmp ll2
next1:      mov ah，4ch
            int 21h
code        ends
            end start
```

【实验 4.2】转换十进制数码为对应的数值。

（1）题目：实现从键盘输入一位十进制数的 ASCII 码，然后转换为相应的十进制数，并保存到内存单元中。转换完成后，用二进制输出转换后的结果。

（2）要求：程序提示用户键入一个十进制数码，然后用二进制数码的形式显示转换结果。

参考程序：

假设这个数是无符号数，其值不超过一个字变量能表示的最大值。

```
data        segment
pr          db "Input a string number:$"
pr1         db 0ah，0dh，"Binary out:$"
buf         db 10
nu          db 0
string      db 10 dup （"$"）
x           dw ?
data        ends
code        segment
            assume cs:code，ds:data
start:      mov ax，data
            mov ds，ax
            mov dx，offset pr
            mov ah，09h
            int 21h
            mov ah，0ah
```

```
            lea dx，buf
            int 21h
            mov cl，nu
            xor ch，ch
            lea si，string
            mov bp，10
            xor bx，bx
lp:         mov al，[si]
            and al，0fh
            cbw
            xchg ax，bx
            mul bp
            xchg ax，bx
            add bx，ax
            inc si
            loop lp
            mov x，bx
            lea dx，pr1
            mov ah，09h
            int 21h
            mov cx，10h
lp1:        xor dl，dl
            rol bx，1
            rcl dl，1
            add dl，30h
            mov ah，02h
            int 21h
            loop lp1
            mov ah，4ch
            int 21h
code:       ends
            end start
```

第 5 章

循环程序设计

5.1 实 验 目 的

（1）掌握比较指令、转移指令和循环指令在循环程序设计中的的使用方法。
（2）掌握循环结构程序的组成。
（3）掌握循环程序的设计、调试方法。

5.2 预 备 知 识

1. 循环操作指令

（1）计数循环指令 LOOP

计数循环指令的格式如下：

LOOP　　标号

这条指令使寄存器 CX 的值减 1，如果结果不等于 0，则转移到标号，否则顺序执行 LOOP 指令后的指令。该指令类似于如下的两条指令：

DEC　CX
JNZ　　标号

通常在利用 LOOP 指令构成循环时，先要设置好计数器 CX 的初值，即循环次数。由于首先进行 CX 寄存器减 1 操作，再判结果是否为 0，所以最多可循环 65536 次。

（2）等于/全零循环指令 LOOPE/LOOPZ

等于/全零循环指令有两个助记符，格式如下：

LOOPE　标号

或者

LOOPZ　标号

这条指令使寄存器 CX 的值减 1，如果结果不等于 0，并且零标志 ZF 等于 1，那么则转移到标号，否则顺序执行。注意指令本身实施的寄存器 CX 减 1 操作不影响标志。

（3）不等于/非零循环指令 LOOP/LOOPNZ

不等于/非零循环指令有两个助记符，格式如下：

LOOPNE　标号

LOOPNZ　标号

这条指令使寄存器 CX 的值减 1，如果结果不等于 0，并且零标志 ZF 等于 0，那么则转移到标号，否则顺序执行。注意指令本身实施的寄存器 CX 减 1 操作不影响标志。

（4）跳转指令 JCXZ

跳转指令也可以认为是条件转移指令。跳转指令的格式如下：

JCXZ　　　标号

该指令实现当寄存器 CX 的值等于 0 时转移到标号，否则顺序执行。

通常该指令用在循环开始前，以便在循环次数为 0 时，跳过循环体。

2．循环结构的组成

循环结构主要有三部分组成：

（1）初始化部分：包括设置地址指针、计数器及其他变量的初值等为循环做的准备工作；

（2）循环体部分：这是主要部分，即对问题的处理；

（3）循环控制部分：包括每次执行循环体之后或之前参数的修改，对循环条件的判断等。

3．循环的分类

按照"先判断"还是"先执行"，可以分成"前测试"与"后测试"；按照循环条件，可以分成"循环次数已知"与"循环次数未知"。汇编语言程序设计中更主要的是按照是否已知循环次数来区分，分别写成不同形式的代码。

另外，还有是否有循环嵌套，分成单重循环结构与多重循环结构，这一点在汇编语言程序设计中也很重要；因为，前面讲过的指令 LOOP 是专门为已知循环次数而设置的，它的循环次数固定地存放在寄存器 CX 中，如果是循环嵌套，而且均为用 LOOP 来执行的话，需要注意 CX 的值是否冲突。

5.3　示　　例

【例 5.1】求内存中从 0040:0000H 开始的 1024 个字的字检验和（忽略进位的累加和）并用十进制显示结果。

本例的难点是用十进制显示结果。把一个二进制数值转换为十进制数码有多种方法，在本例中，我们采用不断"除 10 取余数"，直到商等于 0 为止。注意，除数只能是一个字，而不能是字节。若除数是字节，商就只能是 AL，当要转换的数较大时，商就会溢出，转换也就失败了。

计算字检验和的流程如图 5.1 所示。

输出显示计算结果的流程如图 5.2 所示。

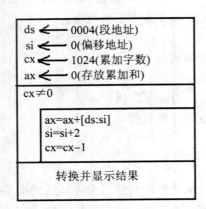

图 5.1　例 5.1 的流程之一

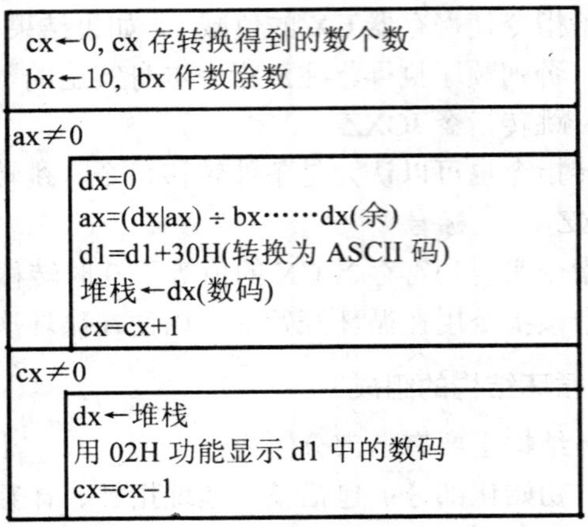

图 5.2　例 5.1 的流程之二

```
dseg    segment
sum     dw ?
dseg    ends
cseg    segment
        assume cs:cseg，ds:dseg
start:  mov ax，40h      ;设置[ds:si]=[0040:0000H]
        mov ds，ax
        mov si，0
        mov cx，1024     ;cx←累加的字数
        xor ax，ax       ;ax←0
again:  add ax，[si]     ;循环累加
        inc si           ;si 指向下一个字
        inc si
        loop again
        mov bx，dseg     ;ds←当前数据段地址
        mov ds，bx
        mov sum，ax      ;保存字检验和
        call disp        ;调用显示过程
        mov ah，4ch
        int 21h
disp proc               ;显示过程，调用的入口参数为 ax=要显示的数
        xor cx，cx       ;cx 清 0，用来保存取得的余数个数，即十进制数码个数
        mov bx，10       ;bx←10（除数）
disp1:xor dx，dx         ;dx←0
        div bx           ;除 10，ax 为商，dx 为余数（仅在 dl 的低 4 位）
        add dl，30h      ;dl←dl+30H，把余数转换为 ASCII 码
        push dx          ;十进制数码送入堆栈，先进栈的为低位，后进栈的为高位
        inc cx
```

```
        or ax，ax          ;置标志位
        jz disp2           ;商为 0，退出除法操作
        jmp disp1          ;商不为 0，继续除 10，取余数
disp2: pop dx             ;把数码从高位到低位，依次弹出来显示
        mov ah，02h
        int 21h
        loop disp2
        ret
   disp endp
   cseg ends
        end start
```

程序编辑、汇编、链接成功后，生成可执行程序文件 ex51.exe，在命令提示符下运行程序：
C:\tmp>ex51
44751

【例 5.2】选择法排序。

程序实现对键盘输入的 10 个数码进行从大到小的排序，并输出显示排序的结果。

比较法排序，如果是降序排列，其操作如下：

第一轮排序，第一个单元的数依次与该数后面的每一个比较，大数交换到第一个单元，比较到最后一个数为止，第一轮排序的结果是使第一个单元中换为最大数。

第二轮排序时，第二个单元的数依次与该数后面的数相比较，大数交换到第二个单元，比较完最后一个数后，第二个单元中换为次大数。

类似地，完成随后各轮的排序操作。

对于 n 个数类似地完成 n–1 轮排序，使 n 个数从大到小以递减顺序排列。

实现比较法排序需要用二重循环：外循环控制排序轮数，内循环具体实现一轮排序。

比较法排序操作的详细流程如图 5.3 所示。

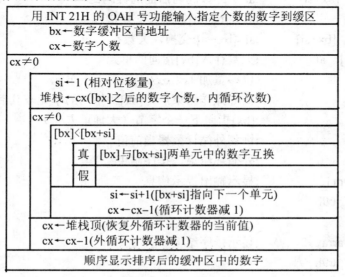

图 5.3 例 5.2 的流程

```
data    segment
pr      db "Input 10 numbers:$"              ;输入提示
pr1     db 0ah，0dh，"From max to min:$" ;输出提示
array db 13，0，13 dup（"$"）              ;存入数码的缓冲区
data    ends
code segment
        assume cs:code，ds:data
main proc far
        push ds                             ;保护程序头首地址
        xor ax，ax
        push ax
        mov ax，data                        ds←数据段地址
        mov ds，ax
        lea dx，pr                          ;显示输入提示信息
        mov ah，09h
        int 21h
        lea dx，array                       ;用 0AH 号功能实现输入一串数字
        mov ah，0ah
        int 21h
        lea bx，array+2                     ;[bx]指向输入数码的第一个数字
        mov cl，array+1                     ;cx←输入的数字个数
        mov ch，0
lp0:    mov si，1               ;lp0 为外循环起始地址
        push cx                ;保存外循环计数器当前值（也是内循环计数器初值）
lp1:    mov al，[bx]            ;lp1 为内循环地址，取一个数字到 al
        cmp al，[bx+si]        ;al 中的数码与后面的数码比较
        jge next              ;al>=[bx+si]，跳过交换操作
        xchg al，[bx+si]       ;al<[bx+si]:交换，大数存入 al
        mov [bx]，al          ;大数存入[bx]指向的单元
next: inc si                  ;位移量加 1，[bx+si]指向下一单元
        loop lp1              ;循环操作结束后，[bx]所指向的单元较其后单元值都大
        inc bx               ;[bx]指向下一个字节（大地址方向）
        pop cx               ;恢复外循计数器当前值
        loop lp0             ;外循环结束，排序结束
        lea dx，pr1          ;显示输出提示信息
        mov ah，09h
        int 21h
        lea dx，array+2       ;显示排序结果
        mov ah，09h
        int 21h
```

```
        ret
main endp
code ends
        end main
```

程序编辑、汇编、链接成功后，生成可执行程序文件 ex52.exe，在命令提示符下运行程序：

```
C:\temp>ex52
Input 10 numbers:3543569821
From max to min:9865543321
```

5.4 实 验 题

【实验 5.1】滤去字符串中的空格。

（1）题目：从键盘上输入有多个随机出现的空格的字符串，滤出其中所有空格后，输出显示不含空格的该字符串。

（2）要求：程序运行后，提示用户输入一个含空格的字符串，然后提示输出滤出空格后的字符串。

（3）提示：输入字符串用 INT 21H 的 0AH 号功能，在数据段缓冲区的定义可以用如下形式：

```
buf        db 100
           db ?
string     db 100 dup（"$"）
```

存放字符串的各字节，都初始化为"$"，以方便滤出空格后，用 09H 号功能显示。

滤出空格的操作为：从串首开始，逐字符与空格的 ASCII 码 20H 比较，若是空格，就把后一个字符前移，复盖该空格所在字节。

实验参考程序：

```
.model small
        .data
buf     db 100
        db ?
string db 100 dup（"$"）
pr1     db "Input a string with blankspace & 0_end :"，0ah，0dh，24h
pr2     db 0dh，0ah，"String with no blankspace:"，0dh，0ah，24h
        .code
start:  mov ax，@data
        mov ds，ax
        lea dx，pr1
        mov ah，09h
        int 21h
        mov ah，0ah
        lea dx，buf
```

```
            int 21h
            lea si，string
            mov di，si
            inc di
lp:         mov al，[si]
            cmp al，30h
            je next
            cmp al，20h
            jne next1
            mov al，[di]
            mov [si]，al
next1:      inc si
            inc di
            jmp lp
next:       lea dx，pr2
            mov ah，09h
            int 21h
            lea dx，string
            mov ah，09h
            int 21h
            mov ah，4ch
            int 21h
            end start
```

【实验 5.2】统计正数、负数和零的个。

（1）题目：在地址 F000:0000H 开始的存储区有 1024 个有符号字数据，统计其中正数、负数和零的个，并显示输出统计的结果。

（2）要求：程序以十进制数输出统计结果。

（3）提示：输出显示可以引用例 5.1 中的显示过程。

实验参考程序：

```
.model small
            .code
start:      mov ax，@code
            mov ds，ax
            call sum
            lea dx，mess1
            mov ah，09h
            int 21h
            mov ax，bx
            call disp
```

```
           mov dx，offset mess2
           mov ah，09h
           int 21h
           mov ax，di
           call disp
           mov dx，offset mess3
           mov ah，09h
           int 21h
           mov ax，bp
           call disp
           mov ah，4ch
           int 21h
sum        proc
           push ds
           cld
           mov si，0f000h
           mov ds，si
           mov si，0
           xor ax，ax
           xor bx，bx        ;存放正数个数
           xor di，di        ;存放负数个数
           xor bp，bp        ;存放 0 的个数
           mov cx，1024
sum1:      lodsb
           cmp al，0
           jg sum3
           jl sum2
           inc bp
           jmp sum4
sum2:      inc di
           jmp sum4
sum3:      inc bx
sum4:      loop sum1
           pop ds
           ret
sum        endp
disp       proc
           push di
           xor cx，cx
           mov di，10
```

```
disp1:    xor dx，dx
          div di
          add dl，30h
          push dx
          inc cx
          or ax，ax
          jnz disp1
disp2:    pop dx
          mov ah，02h
          int 21h
          loop disp2
          pop di
          ret
disp      endp
mess1     db "Puls_number:$"
mess2     db 0dh，0ah，"Negtive_number:$"
mess3     db 0dh，0ah，"0_number:$"
          end start
```

第 **6** 章

子程序程序设计

6.1 实 验 目 的

（1）掌握子程序的定义和调用方法。
（2）掌握子程序的编写方法及参数传递的方法。

6.2 预 备 知 识

子程序或过程，是具有特定功能的程序模块，是提高程序设计效率的良好手段，也为模块化设计提供了很好的基础。

1. 过程调用和返回指令

（1）call 指令——过程调用指令

格式：call 目的操作数

注意：在功能上 CALL 指令与 JMP 指令都是要转换到新的位置执行程序，所不同的是，JMP 不保护断点，CALL 要保护断点。这里的断点是指 CALL 指令后继第一条指令的起始地址。当执行 CALL 指令时，CS:IP 正指向其后继第一条指令（断点），CALL 指令保护断点，以便执行完过程后能正确返回调用主程序继续原来程序的执行。

①段内直接调用

call 过程名（near 型）

操作：堆栈←ip，ip←ip+相对位移量（汇编结果），ip 指向目标。

②段内间接调用

子程序的起始地址（偏移地址）事先存放在通用寄存器或内存单元中。如：

call bx

call cx

call word ptr [bx+di+2]

操作：堆栈←ip（断点偏移地址），ip←目标地址。

③段间直接调用

call 过程名（far 型）

操作：堆栈←[cs:ip]（断点地址），[cs:ip]←目标地址。

④段间间接调用

子程序的起始地址（逻辑段地址:偏移地址）存放在四字节的地址指针中。

call dword ptr[bx]

操作：堆栈←[cs:ip]（断点地址），[cs:ip]←目标地址

（2）ret 指令——过程返回指令

格式：ret

　　　　ret n（弹出值为偶数）

功能：

①ret 指令将控制从一个过程返回到调用该过程的 call 指令之后的那条指令（调用程序的断点），段内或段间返回都用 ret。ret 完成由堆栈恢复断点的功能。

段内返回：ip←断点偏移量

段间返回：ip←断点偏移量

　　　　　cs←断点段地址

②带弹出值的返回指令，其弹出值只能是偶数，在从堆栈中弹出返回地址后，再次修改堆栈指针 sp 的值：

sp←sp+n

以废除调用程序装入堆栈中的参数，恢复调用之前的栈顶，把执行 call 指令前压入堆栈的参数弹出丢去。

注意：以标号开始，以 ret 结束的程序段均可以视为子程序，用 call 调用。例如：

```
data     segment
pr1      db "abcdefg"，0dh，0ah，24h
data     ends
code     segment
         assume cs:code，ds:data
start:   mov ax，data
         mov ds，ax
         call disp
         mov ah，9
         lea dx，pr1
         int 21h
         mov ah，4ch
         int 21h
disp:    lea dx，pr1
         mov ah，9
         int 21h
         ret
code     ends
end start
```

2. 过程定义语句

格式：

```
过程名   proc   [near/far]
             ……
      ret
             ……
      ret
过程名 endp
```

说明：

①过程名不能省略，proc 和 endp 前的过程名必须相同。

②near 表示近调用过程，即仅能被同一逻辑代码段的程序调用。far 表示远调用过程，即能被其他逻辑代码段的程序调用。如果无类型说明，隐含 near。

③过程调用与返回。主程序用 call 命令调用过程，执行完后，在过程中执行 ret 返回主程序，所以在过程中，一般最后一条语句均为 ret 指令。

④过程的嵌套与递归。汇编程序也允许过程的嵌套调用和递归调用。过程嵌套是在过程中调用过程。过程递归是在过程中调用过程自己。这两种调用方式都是依靠 call 指令和 ret 指令配合实现的。

3．子程序的编写方法

（1）调用程序与子程序在同一代码段中，子程序的类型为 near

```
code    segment
            assume …
main    proc far
              ……
            call sub
            ……
            ret
main    endp
sub     proc near
            ……
            ret
sub    endp
code ends
```

（2）调用程序与子程序不在同一代码段中，子程序必须是 far 型

```
code1    segment
            assume …
main    proc far
            ……
            call far ptr sub
            ……
            ret
```

```
main      endp
code1     ends
code2     segment
sub       proc far
          ……
          ret
sub       endp
          ……
          call sub
          ……
code2     ends
          end main
```

4. 编写子程序的要求

（1）保护寄存器与存储器工作单元。

```
code    segment
        assume …
main    proc far
        ……
        call sub          ;调用延时子程序
        ……
        ret
main    endp
sub     proc near         ;延时子程序
        push bx           ;子程序要使用的寄器中数据送堆栈保护
        push cx
        mov bl，20
delay: mov cx，5600        ;延时循环
       wait: loop wait
        dec bl
        jnz delay
        pop cx            ;由堆栈恢复保护的数据
        pop bx
        ret
sub     endp
code    ends
```

（2）正确使用堆栈

①执行 call 指令之间后，转入子程序之前，堆栈顶保存了调用程序的断点地址。

②在子程序中执行 ret 指令时，要从堆栈中弹出断点地址，以便正确返回调用程序。

③在子程序中使用了堆栈，必须成对地执行 push 和 pop 指令，确保在执行 ret 时，栈顶能

恢复刚进入子程序时的位置，使 ret 指令能正确恢复断点。否则程序的执行结果将无法预测。

（3）程序中加入必要的说明和注释，增加程序的可读性和可理解性，一般应说明：子程序名、功能、入/出口地址、使用的寄存器和存贮单元，子程序中调用的其他子程序名等。

（4）处理好调用程序与子程序之间的参数传递，常用的参数传递方法有：

①借助寄存器传递参数。

②借助内存中建立的参数表传递参数。

③借助堆栈传递参数。

6.3 示 例

【例 6.1】设计一个把以 ASCII 码表示的十进制数字串转换为二进制数值的子程序。假设十进制不大于 65535，且输入的数码为发无符号数。

方法：从最高位开始，重复进行"高位×10+低位"的操作。

过程入口参数：DS:BX=缓冲区首地址，首字节为字串字符数，即十进制数码的位数。

过程出口参数：AX=转换得到的二进制数。

过程中，实现把缓冲中的数码转换为数值的流程如图 6.1 所示。

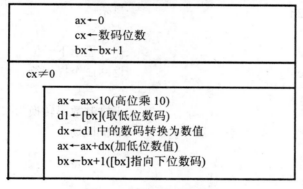

图 6.1 例 6.1 的流程序图

程序如下：

```
data segment
pr1       db "Input a number string:$"      ;输入数码串的提示
pr2       db 0ah，0dh，"Out:$"               ;输出提示
buff db 6                                    ;按 0AH 号功能设置的输入缓冲区
nu        db 0
string    db 6 dup（"0"）
data ends
code segment
        assume cs:code，ds:data
start:  mov ax，data                         ;ds←数段段地址
        mov ds，ax
        lea dx，pr1                          ;显示输入提示
```

```
        mov ah，09h
        int 21h
        mov ah，0ah              ;输入数码
        mov dx，offset buff
        int 21h
        lea bx，nu               ;bx←数码缓冲区首地址
        call dtobin              ;调用十进数码到二进制数值的转换
        mov bx，ax               ;bx←ax（二进制数值）
        lea dx，pr2              ;显示输出提示
        mov ah，09h
        int 21h
        mov cx，16               ;cx←16（二进制数的位数）
lp:     rol bx，1                ;bx 的最高位循环移位到 d0 位
        mov dl，bl               ;dl←bl
        and dl，01h              ;保留 dl 中的 d0 位
        add dl，30h              ;把 d0 位的一位二进制数转换为 ASCII 码
        mov ah，02h              ;显示
        int 21h
        loop lp                  ;循环显示下一位
        mov ah，4ch              ;返回命令提示符
        int 21h
dtobin proc                     ;十进制数码转换为二进制数值的过程
        push bx                  ;保护现场
        push cx
        push dx
        xor ax，ax               ;ax 清 0
        mov cl，[bx]             ;cx←位数
        xor ch，ch
        inc bx                   ;[bx]指向最高位数码
        jcxz dtobin2             ;若位数为 0，不进入转换循环
dtobin1:mov dx，10
        mul dx                   ;高位乘 10
        mov dl，[bx]             ;读取低位 ASCII 码
        inc bx                   ;bx 指向下一字符
        and dl，0fh              ;取得的字符转换为数值
        xor dh，dh
        add ax，dx               ;加低位
        loop dtobin1
dtobin2:pop dx                   ;恢复现场
        pop cx
```

```
        pop bx
        ret                          ;返回调用程序
dtobin endp
code    ends
        end start
```

程序编辑、汇编、链接成功后，生成可执行程序文件 ex29.exe，在命令提示符下执行：

C:\temp>ex29

Input a number string:65535

Out:1111111111111111

【例 6.2】利用过程的递归调用计算阶乘。

过程的算法：n!=n*（n-1）!，如果 n>0

　　　　　　　 n!=1，如果 n=0

过程的入口参数：AX=n

过程的出口参数：EAX=n!

计算 n!的过程是通过堆栈传递参数的，在递归调用过程中，不断把 n，n−1，…，3，2，1 用 push 指令压入堆栈，在递归调用结束后，即在回程中，不断由堆栈弹出 1，2，3，…，n−1，n，同时完成 1×2×…×（n−1）×n 的操作。在这里，能从程序中观察到过程递归调用的全过程，这是高级语言程序中的递归调用所不能看到的。

```
.386                             ;386 模式，可使用 32 位寄存器
data    segment use16            ;使用 16 的段
pr      db "Input a number（2_digit）:$"   ;提示以两位形式输入一整数
pr1     db 0ah，0dh，0，0，"!=$"   ;两个字节的 0 用来存放输入的两位数的 ASCII
码
data    ends
stack   segment para use16 'stack'
        dw 128 dup（?）
stack   ends
code    segment para use16 'code'
        assume cs:code，ds:data，ss:stack
start:
        mov ax，data
        mov ds，ax                ;ds←数据段段地址
        lea dx，pr                ;显示输入数 n 的提示
        mov ah，09h
        int 21h
        mov cx，2                 ;cx←循环次数 2
        mov dl，10                ;dl←乘数 10
        xor bx，bx                ;bx←0，存放输入的数码转换得到的二进制数值
        lea si，pr1+2             ;si 指向存放输入数码的位置
```

```
lp1:    mov ah，01h           ;输入一个数 n 的 ASCII 码
        int 21h
        mov [si]，al          ;输入的数存入结果显示串中
        and ax，000fh         ;把一个数码转换为数值
        xchg bx，ax
        mul dl               ;高位乘 10
        xchg bx，ax
        add bx，ax           ;加低位
        inc si               ;si 指向下一个字节
        loop lp1             ;循环输入下一位
        xor eax，eax         ;清出口参数的寄存器
        mov ax，bx           ;ax←n
        call fact            ;调用阶乘子程序 fact
        mov ebx，eax         ;结果暂存 ebx
        lea dx，pr1          ;显示结果提示串
        mov ah，09h
        int 21h
        mov eax，ebx         ;eax←ebx（n!）
        xor cx，cx           ;存放十进制数的位数
        mov ebx，10          ;ebx←10，ebx 作为除数
lp:     xor edx，edx         ;edx←0，edx 存放除 10 取得的余数，清余数
        div ebx              ;除 10
        add dl，30h          ;余数转换为 ASCII 码
        push dx              ;数码进栈，先进栈的余数为低位，后进栈的余数为高位
        inc cx               ;数码位数加 1
        or eax，eax          ;置状态标志
        jnz lp               ;eax 中的商不为 0，继续循环"除 10 取余数"的操作
lp2:    pop dx               ;dx←堆栈，数码
        mov ah，2            ;显示堆栈中弹出的数码
        int 21h
        loop lp2
        mov ah，4ch
        int 21h
;计算 n!的递归调用过程
fact proc
        push eax             ;n，n-1…，1 依次进栈
        dec eax
        cmp eax，0           ;判断递归调用是否到 0
        jnz next             ;没用减到 0，继续递归调用
        inc eax              ;eax←0!（=1）
```

```
        jmp exit              ;退出递归调用
next: call fact               ;递归调用
exit: pop edx                 ;1, 2, …n-1, n 出栈
      mul edx                 ;计算 1×2×…×（n-1）×n
      ret
fact endp
code ends
      end start
```

计算 n!的递归调用过程，在递归调用结束后，堆栈的情况如图 6.2 所示。

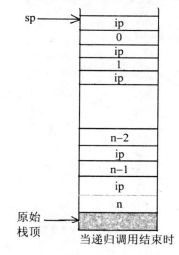

图 6.2 例 6.2 堆栈操作情况

程序通过编辑、汇编、链接成功后，生成可执行程序文件 ex210.exe，在命令提示符下运行：

C:\tmp>jk
Input a number（2_digit）:06
06!=720

6.4 实 验 题

【实验 6.1】循环显示 10 个数字符号。

（1）题目：编写一个过程，在屏幕上依次显示 10 个数字符号，每一行 13 个字符，循环进行。

（2）要求：在代码段中编写这个过程，并要求用主程序调用该过程。

（3）提示：可以用寄存器 DL，生成各数码，用 INT 21H 的 02H 号功能显示各数，同时用一个 8 位的寄存器作数计数器，控制每行显示的数码个数，一旦达到 13 个字符就输出回车、换行。

参考程序：

```
code    segment
```

```
            assume cs:code
start:      call dgdsp
            mov ah，4ch
            int 21h
dgdsp   proc
            xor bl，bl
            mov dl，30h
lp:         mov ah，02h
            int 21h
            inc dl
            inc bl
            cmp dl，39h
            jbe next
            mov dl，30h
next:       cmp bl，13
            jb   lp
            push dx
            mov dl，0ah
            mov ah，02h
            int 21h
            mov dl，0dh
            mov ah，02h
            int 21h
            pop dx
            xor bl，bl
            mov ah，0bh
            int 21h
            or al，al              ;键盘缓冲区有数据结束
            jnz next1
            jmp lp
next1: ret
dgdsp   endp
code    ends
            end start
```

【实验6.2】求一个数列的第 n 项 a（n）。

（1）题目：设有一个数列，a（0）=0，a（1）=1，a（n）=a（n-1）+3*a（n-2），请编写一个求该数列的第 n 项 a（n）的子程序，要求采用递归算法。

（2）要求：编写一个主程序，计算 a（n）的 n 从键盘上输入，是一个不超过 3 位的十进制数码，用"高位×10+低位"的办法，转换为二进制的数值。然后调用子程序计算 a（n）。

计算结束后，用十进制数码的形式输出计算结果。

（3）提示：过程的入口参数为 ax=n，si=3，bx=0，其过程的递归操作的流程如图 6.3 所示。

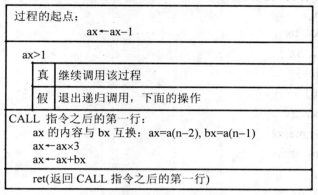

图 6.3　实验 6.2 中，过程递归调用的流程

参考程序：

```
data        segment
mess1       db "Input a number:$"
mess2       db 0ah，0dh，"Out:$"
buf         db 5
nu          db 0
nustr       db 5 dup （'0'）
data        ends
code        segment
            assume cs:code，ds:data
start:      mov ax，data
            mov ds，ax
            lea dx，mess1
            mov ah，09h
            int 21h
            lea dx，buf
            mov ah，0ah
            int 21h
            mov cl，nu
            xor ch，ch
            lea si，nustr
            mov bp，10
            xor bx，bx
lp:         lodsb
            and ax，000fh
            xchg ax，bx
            mul bp
```

```
          xchg ax，bx
          add bx，ax
          loop lp
          mov ax，bx
          xor bx，bx
          mov si，3
          call sub1
          mov bx，ax
          lea dx，mess2
          mov ah，09h
          int 21h
          xor cx，cx
          mov si，10
          mov ax，bx
lp1:      xor dx，dx
          div si
          or dl，30h
          push dx
          inc cx
          or ax，ax
          jnz lp1
lp2:      pop dx
          mov ah，02h
          int 21h
          loop lp2
          mov ah，4ch
          int 21h
sub1      proc
          dec ax
          cmp ax，1
          jz next
          call sub1
next:     xchg ax，bx
          mul si
          add ax，bx
          ret
sub1      endp
code      ends
          end start
```

【实验 6.3】递归求"1+2+…+n"的和运算。

（1）题目：编写一个递归子程序，完成自然数 1 到 n 的求和运算（二进制总和不超过一个字）。

（2）要求：程序提示输入整数 n，然后把输入的十进制数码转换为对应的二进制数值，最后提示输出计算结果。

（3）提示：输出计算结果，可以编写一个过程来完成二进制数值到十进制数码的转换，并显示之。

参考程序：

```
data segment
    prt1    db "Input a integer number:$"
    prt2    db 0ah, 0dh, "1+2+…+$"
    buff    db 10, 0
    nu      db 10 dup ("$")
    eqq     db 0ah, 0dh, "=$"
data ends
code segment
    assume cs:code, ds:data
main proc far
    push ds
    xor ax, ax
    push ax
    mov ax, data
    mov ds, ax
    mov dx, offset prt1
    mov ah, 09h
    int 21h
    lea dx, buff
    mov ah, 0ah
    int 21h
    mov cl, buff+1
    xor ch, ch
    mov bp, 10
    lea si, buff+2
    xor bx, bx
lp1:    lodsb
    and al, 0fh
    xor ah, ah
    xchg ax, bx
    mul bp
    xchg ax, bx
```

```
        add bx，ax
        loop lp1
        xor ax，ax
        call mult
        add bx，ax
        call disp
        ret
main endp
mult proc                    ;计算累加和的递归过程
        push bx              ;bx 进栈
        dec bx               ;bx 减 1
        cmp bx，0
        je next              ;bx=0 终止递归调用
        call mult            ;bx<>0 继续递归调用
next:add ax，bx             ;回程中计算累加和
        pop bx
        ret
mult endp
disp proc near               ;显示过程
        mov dx，offset prt2   ;显示提示
        mov ah，09h
        int 21h
        lea dx，nu
        mov ah，09h
        int 21h
        lea dx，eqq
        mov ah，09h
        int 21h
        xor dl，dl           ;以下完成转换并显示计算结果的操作
l1:     cmp bx，2710h        ;转换显示万位
        jb l2
        inc dl
        sub bx，2710h
        jmp l1
l2:     or dl，30h
        mov ah，02h
        int 21h
        xor dl，dl
l3:     cmp bx，03e8h        ;转换显示千位
        jb l4
```

```
        inc dl
        sub bx, 03e8h
        jmp l3
l4:     or dl, 30h
        mov ah, 02h
        int 21h
        xor dl, dl
l5:     cmp bx, 64h              ;转换显示百位
        jb l6
        inc dl
        sub bx, 64h
        jmp l5
l6:     or dl, 30h
        mov ah, 02h
        int 21h
        xor dl, dl
l7:     cmp bx, 0ah              ;转换显示十位
        jb l8
        inc dl
        sub bx, 0ah
        jmp l7
l8:     or dl, 30h
        mov ah, 02h
        int 21h
        mov dl, bl              ;显示个位
        or dl, 30h
        mov ah, 02h
        int 21h
        ret
disp endp
code ends
        end main
```

【实验 6.4】字符串搜索。

（1）题目：从键盘输入源字符串和子字符串，再从源字符串中搜索子字符串，如果搜索到子字符串，输出子字符串在源字符串中出现的位置。

（2）要求：输入操作和输出都应有相应的提示信息。

（3）提示：为了输出搜索结果，编写把二进制数值转换为十六进制数码并显示的子程序。

参考程序：

```
datasg  segment
```

```
string1    db 'Enter sentence:'，13，10，'$'
string2    db 'Enter sub_string:'，13，10，'$'
mess0      db 'Match at location $'
mess1      db 'H in the sentence.'，13，10，'$'
mess2      db 'Nomatch!'，13，10，'$'
newline    db 13，10，'$'                      ;回车换行串
count      db ?
strtab1    db 40                              ;为 INT 21H 的 0AH 号功能建立的缓冲区
cnt1       db ?
str1       db 40 dup（?）                     ;源串
strtab2    db 20
cnt2       db ?
str2       db 20 dup（?）                     ;子串
datasg     ends
code segment
           assume cs:code，ds:datasg，es:datasg
main       proc far
           push ds
           sub ax，ax
           push ax
           mov ax，datasg
           mov ds，ax
           mov es，ax
loop0:     lea dx，string1
           mov ah，09
           int 21h
           lea dx，strtab1
           mov ah，0ah
           int 21h                            ;输入源串
           lea dx，newline
           mov ah，09h
           int 21h
           lea dx，string2
           mov ah，9
           int 21h
           lea dx，strtab2
           mov ah，0ah                         ;输入子串
           int 21h
           lea dx，newline
           mov ah，09h
```

```
              int 21h
              mov al，cnt1                ;al←源串字符数
              mov bl，cnt2                ;bl←子串字符数
              cmp al，bl
              jl lop2
              mov al，cnt1
              sub al，cnt2
              mov count，al              ;count←搜索次数
              lea bx，str1
lop1:         mov cl，cnt2
              mov ch，0
              cld
              mov di，bx
              lea si，str2
              repz cmpsb                 ;完成一次搜索
              jz lop3                    ;cx=0 且 ZF=1 搜索到子串
              inc bx
              dec count
              jnz lop1                   ;从下个字符开始再次搜索
lop2:         lea dx，mess2
              mov ah，09h
              int 21h
              jmp loop0
lop3:         lea ax，str1
              sub bx，ax
              inc bx
              lea dx，mess0
              mov ah，09h
              int 21h
              call btoh
              ret
main    endp
btoh proc near                           ;二进制数转换为十六进制数码并显示的过程
              mov ch，4
roleft:       mov cl，4
              rol bx，cl
              mov al，bl
              and al，0fh
              add al，30h
              cmp al，3ah
```

```
                jl disp
                add al，07h
disp:           mov dl，al
                mov ah，02
                int 21h
                dec ch
                jnz roleft
                lea dx，mess1
                mov ah，09h
                int 21h
                ret
btoh endp
code ends
                end main
```

【实验 6.5】计算乘幂。

（1）题目：用递归调用方法和结构数据类型，计算一位十进制数的乘幂。

（2）要求：定义一个计算乘幂的递归过程，并借堆栈传递参数；输入操作和输出都应有相应的提示信息。

（3）提示：定义一个各字段为字类型的结构，以方便递归过程对堆栈数据的访问。在 MASM6.11 中与 MASM5.1 不同，不定义结构变量，直接借助字段的局部位移量访问堆栈中的数据时，要指名结构名，其格式如下（bp 中已堆栈参数区的首地址）：

[BP].结构名.字段名

而在 MASM5.1 中同样的访问方式可以省略结构名。

参考程序：

```
data        segment
pr1         db "Input a integer（one digit）:$"
pr2         db 0ah，0dh，"Input a integer（one digit）:$"
pr3         db 0ah，0dh，"Power:$"
n           dw 4
x           dw 3
xn          dw ?
sta         struc
s_bp        dw ?
s_ip        dw ?
s_n         dw ?
s_x         dw ?
xn_addr dw ?
sta         ends
data        ends
```

```
stack    segment para stack 'stack'
         dw 128
stack    ends
code     segment
main     proc far
         assume cs:code，ds:data，ss:stack
         push ds
         mov ax，0
         push ax
         mov ax，data
         mov ds，ax
         lea dx，pr1
         mov ah，09h
         int 21h
         sub bx，bx
         call input              ;调用输入子程序
         mov x，bx
         lea dx，pr2
         mov ah，09h
         int 21h
         sub bx，bx
         call input
         mov n，bx
         mov bx，offset xn        ;调用乘方子程序前最先进栈的参数
         push bx
         mov bx，x
         push bx
         mov bx，n
         push bx
         call fxn                ;调用乘方子程序
         lea dx，pr3
         mov ah，09h
         int 21h
         mov bx，xn
         call disp               ;调用显示子程序
         ret
main     endp
fxn      proc near               ;乘方子程序
         push bp
         mov bp，sp
```

```
        push ax
        push bx
        mov bx，[bp].xn_addr      ;借助结构字段的局部偏移量访问堆栈数据
        mov ax，[bp].s_n
        cmp ax，0
        jz finish
        push bx
        push [bp].s_x
        dec ax
        push ax
        call fxn                  ;递归调用
        mov bx，[bp].xn_addr      ;递归返回的第一条指令
        mov ax，[bx]              ;取部分积
        mul [bp].s_x              ;乘 X
        jmp exit
finish:mov ax，1
exit:   mov [bx]，ax             ;部分积存入 XN 单元
        pop bx
        pop ax
        pop bp
        ret 6
fxn     endp
input proc near                   ;输入子程序
        push ax
        push cx
        mov cx，10
lp:     mov ah，01h
        int 21h
        cmp al，0dh
        je exit1
        and al，0fh
        sub ah，ah
        xchg bx，ax
        mul cx
        xchg bx，ax
        add bx，ax
        jmp lp
exit1:pop cx
        pop ax
        ret
```

```
input endp
disp    proc near                    ;显示子程序
        sub dl，dl
lp1:    cmp bx，2710h
        jb l1
        sub bx，2710h
        inc dl
        jmp lp1
l1:     or dl，30h
        mov ah，02h
        int 21h
        sub dl，dl
lp2:    cmp bx，03e8h
        jb l2
        sub bx，03e8h
        inc dl
        jmp lp2
l2:     or dl，30h
        mov ah，02h
        int 21h
        sub dl，dl
lp3:    cmp bx，64h
        jb l3
        sub bx，64h
        inc dl
        jmp lp3
l3:     or dl，30h
        mov ah，02h
        int 21h
        sub dl，dl
lp4:    cmp bx，0ah
        jb l4
        sub bx，0ah
        inc dl
        jmp lp4
l4:     or dl，30h
        mov ah，02h
        int 21h
        mov dl，bl
        or dl，30h
```

```
                mov ah，02h
                int 21h
                ret
disp    endp
code    ends
        end main
```

第 7 章

软中断程序设计

7.1 实 验 目 的

（1）了解软中断的概念。

（2）掌握软中断程序的使用和编写方法。

（3）了解子程序与软中断之间的差异，认识和理解中断特性。

7.2 预 备 知 识

软中断不是随机发生的，是 CPU 执行 INT 指令发生的，是编程人员预先按排的，更类似于子程序调用，只不过处理程序的入口地址要事先存放到中断向量表中。在 80X86 系统中，中断类型号 60H～67H 为用户中断向量，用户可以编写自己的软中断程序，通过 int n 调用。

1. 设置和获取中断向量

设置中断向量是向中断向量表写入服务程序入口地址。

（1）入口地址直接写入中断向量表，即将服务程序首地址直接写入 0000H 段的中断向量表：

0000:类型号×4←入口偏移地址

0000:类型号×4+2←入口段地址

如中断类型号为 n，则填写中断向量表的代码为：

```
mov ax，0
mov es，ax
mov bx，n*4
mov ax，offset int_prog          ;取中断服务程序入口偏移地址
mov es:word ptr [bx]，ax
mov ax，seg int_prog             ;取中断服务程序入口段地址
mov es:word ptr [bx+2]，ax
……
int_prog:
……
iret
```

（2）利用 DOS 系统功能（int 21h）设置、获取中断向量

◇设置中断向量功能——25H 号功能

入口参数：AH=25H

AL=中断类型号

DS:DX=中断服务程序入口地址

执行：INT 21H

功能：入口地址写入向量表

◇取中断向量功能——35H 号功能

入口参数：AH=35H

AL=中断类型号

执行：INT 21H

功能：ES:BX←中断服务程序入口地址

◇修改（截获）旧中断的程序段：

……

```
oldint dd ?                   ;存放原中断向量（入口地址）的双字单元（DS 段）
……
mov al，n                     ;al←中断类型号
mov ah，35h                   ;取原中断向量
int 21h
mov ds:oldint，bx             ;保存中断向量
mov ds:oldint+2，es
mov dx，seg int_prog          ;ds:dx←用户中断程序入口地址
mov ds，dx
mov dx，offset int_prog
mov ah，25h                   ;设置新的中断向量
mov al，n
int 21h
……
int_prog
……
iret
```

2. 编写软中断程序的一般步骤

（1）切换堆栈：即为中断处理程序建立有自己的堆栈，重置 SS 和 SP。

（2）及时开中断，允许外设中断嵌套，因软中断处理程序一般较复杂，处理时间相对较长，以便外设操作能即时得到处理。

（3）保护现场：只保护在处理程序中要使用的寄存器和存储器单元。

（4）中断处理。

（5）恢复现场。

（6）堆栈切换。

（7）执行 iret 指令实现中断返回。

7.3　示　例

【例】利用软件中断调用计算阶乘。

利用软中断程序的递归调用计算阶乘，算法为：

n!=n*（n-1）!，如果 n>0

n!=1，如果 n=0

中断类型号：60h

中断入口参数：AX=n

中断出口参数：EAX=n!

计算 n!的过程是通过堆栈传递参数的，在递归调用过程中，不断把 n，n-1，…，3，2，1 用 push 指令压入堆栈，在递归调用结束后，即在回程中，不断由堆栈弹出 1，2，3，…，n-1，n，同时完成 1×2×…×（n-1）×n 的操作。在这里，能从程序中观察到过程递归调用的过程，这是高级语言程序中的递归调用所不能看到的。

```
.386                                    ;386 模式，可使用 32 位寄存器
data    segment use16                   ;使用 16 的段
pr      db "Input a number（2_digit）:$"  ;提示以两位形式输入一整数
pr1     db 0ah, 0dh, 0, 0, "!=$"        ;两个字节的 0 用来存放输入的两位数的 ASCII
码
data    ends
stack   segment para use16 'stack'
        dw 128 dup（?）
stack   ends
code    segment para use16 'code'
        assume cs:code，ds:data，ss:stack
start:
        ;设置软中断向量
        mov ax, 0
        mov es, ax
        mov bx, 60h*4
        mov ax, offset fact             ;取中断服务程序入口偏移地址
        mov es:word ptr [bx], ax
        mov ax, seg fact                ;取中断服务程序入口段地址
        mov es:word ptr [bx+2], ax
        ;调用中断程序段
        mov ax, data
        mov ds, ax                      ;ds←数据段段地址
        lea dx, pr                      ;显示输入数 n 的提示
        mov ah, 09h
```

```
        int 21h
        mov cx，2              ;cx←循环次数 2
        mov dl，10             ;dl←乘数 10
        xor bx，bx             ;bx←0，存放输入的数码转换得到的二进制数值
        lea si，pr1+2          ;si 指向存放输入数码的位置
lp1:    mov ah，01h            ;输入一个数 n 的 ASCII 码
        int 21h
        mov [si]，al           ;输入的数存入结果显示串中
        and ax，000fh          ;把一个数码转换为数值
        xchg bx，ax
        mul dl                 ;高位乘 10
        xchg bx，ax
        add bx，ax             ;加低位
        inc si                 ;si 指向下一个字节
        loop lp1               ;循环输入下一位
        xor eax，eax           ;清出口参数的寄存器
        mov ax，bx             ;ax←n
        int 60h                ;调用阶乘子程序 fact
        mov ebx，eax           ;结果暂存 ebx
        lea dx，pr1            ;显示结果提示串
        mov ah，09h
        int 21h
        mov eax，ebx           ;eax←ebx（n!）
        xor cx，cx             ;存放十进制数的位数
        mov ebx，10            ;ebx←10，ebx 作为除数
lp:     xor edx，edx           ;edx←0，edx 存放除 10 取得的余数，清余数
        div ebx                ;除 10
        add dl，30h            ;余数转换为 ASCII 码
        push dx                ;数码进栈，先进栈的余数为低位，后进栈的余数为高位
        inc cx                 ;数码位数加 1
        or eax，eax            ;置状态标志
        jnz lp                 ;eax 中的商不为 0，继续循环"除 10 取余数"的操作
lp2:    pop dx                 ;dx←堆栈，数码
        mov ah，2              ;显示堆栈中弹出的数码
        int 21h
        loop lp2
        mov ah，4ch
        int 21h
;计算 n!的递归调用中断过程
fact proc
```

```
        push eax            ;n，n–1，…，1 依次进栈
        dec eax
        cmp eax，0          ;判断递归调用是否到 0
        jnz next            ;没用减到 0，继续递归调用
        inc eax             ;eax←0!（=1）
        jmp exit            ;退出递归调用
next: call fact             ;递归调用
exit: pop edx               ;1，2，…n-1，n 出栈
        mul edx             ;计算 1×2×…×（n-1）×n
        iret                ;中断返回
fact endp
code ends
        end start
```

程序通过编辑、汇编、链接成功后，生成可执行程序文件 ex71.exe，在命令提示符下运行：

D:\asm>ex71

Input a number（2_digit）:07

07!=5040

7.4 实 验 题

【实验】利用软件中断调用计算"1+2+……+n"的和。

（1）题目：编写一个中断程序，完成自然数 1 到 n 的求和运算（二进制总和不超过一个字），中断类型号为 60H。

（2）要求：程序提示输入整数 n，然后把输入的十进制数码转换为对应的二进制数值，最后提示输出计算结果。

（3）提示：输出计算结果，可以编写一个过程来完成二进制数值到十进制数码的转换，并显示之。

参考程序：

```
data segment
    prt1    db "Input a integer number:$"
    prt2    db 0ah，0dh，"1+2+...+$"
    buff    db 10，0
    nu      db 10 dup（"$"）
    eqq     db 0ah，0dh，"=$"
data ends
code segment
    assume cs:code，ds:data
start:
    ;设置软中断向量
    mov ax，0
```

```
        mov es，ax
        mov bx，60h*4
        mov ax，offset mult              ;取中断服务程序入口偏移地址
        mov es:word ptr [bx]，ax
        mov ax，seg mult                 ;取中断服务程序入口段地址
        mov es:word ptr [bx+2]，ax
        ;调用中断程序段
        mov ax，data
        mov ds，ax
        mov dx，offset prt1
        mov ah，09h
        int 21h
        lea dx，buff
        mov ah，0ah
        int 21h
        mov cl，buff+1
        xor ch，ch
        mov bp，10
        lea si，buff+2
        xor bx，bx
lp1:    lodsb
        and al，0fh
        xor ah，ah
        xchg ax，bx
        mul bp
        xchg ax，bx
        add bx，ax
        loop lp1
        xor ax，ax
        int 60h                          ;调用计算累加和的软中断程序
        add bx，ax
        call disp
        mov ah，4ch
        int 21h
mult proc                                ;计算累加和的过程
next: add ax，bx                         ;累加
        dec bx                           ;bx 减 1
        cmp bx，0
        jne next                         ;bx=0 终止循环
        iret                             ;中断返回
```

```
        mult endp
        disp proc near                ;显示过程
                mov dx，offset prt2    ;显示提示
                mov ah，09h
                int 21h
                lea dx，nu
                mov ah，09h
                int 21h
                lea dx，eqq
                mov ah，09h
                int 21h
                xor dl，dl             ;以下完成转换并显示计算结果的操作
11:     cmp bx，2710h                  ;转换显示万位
                jb l2
                inc dl
                sub bx，2710h
                jmp l1
12:     or dl，30h
                mov ah，02h
                int 21h
                xor dl，dl
13:     cmp bx，03e8h                  ;转换显示千位
                jb l4
                inc dl
                sub bx，03e8h
                jmp l3
14:     or dl，30h
                mov ah，02h
                int 21h
                xor dl，dl
15:     cmp bx，64h                    ;转换显示百位
                jb l6
                inc dl
                sub bx，64h
                jmp l5
16:     or dl，30h
                mov ah，02h
                int 21h
                xor dl，dl
17:     cmp bx，0ah                    ;转换显示十位
```

```
        jb l8
        inc dl
        sub bx，0ah
        jmp l7
l8:     or dl，30h
        mov ah，02h
        int 21h
        mov dl，bl              ;显示个位
        or dl，30h
        mov ah，02h
        int 21h
        ret
disp endp
code ends
        end start
```

第二部分
DIER BUFEN

接口技术实验

第 *8* 章

8259A 与 PC 机硬件中断实验

8.1 实 验 目 的

（1）了解 8259A 在 PC 机中的工作情况。

（2）掌握硬件中断服务程序的结构及编写方法。

8.2 实 验 原 理

（1）在 PC 机中的 8259A

在 PC/AT 机中，有两片 8259A，以主、从级联的方式管理 15 级向量中断。PC 机外设中断均由这两片 8259A 管理。

◇主、从两片的 CAS2～CAS0 互联，从片的 INT 输出联至主片的 IR2 输入。

◇主片的端口地址为 20H、21H，中断向量号为 08H～0FH。

◇从片的端口地址为 AOH、A1H，中断向量号为 70H～77H。

8259A 在 PC/AT 中的操作特点是：

①主、从片各自接收的中断请求信号为边沿触发方式；

②全部 15 级中断的优先级顺序从高到低依次为：主片 IR0→主片 IRl→从片 IR0→从片 IR1→…→从片 IR7→主片 IR3→…→主片 IR7，即主片为特殊全嵌套方式，从片为普通全嵌套方式；

③主、从片数据线互联到 CPU，采用非缓冲方式；

④主、从片均采用非自动中断结束（EOI）方式。

（2）外设中断处理程序设计的原则

外设中断总是随机发生的，设计处理程序时要注意这一点，其处理步骤为：

①保护现场，即中断发生时 CPU 中各寄存器的内容：通用寄存器和 DS、ES、SS。

②高效的中断处理。

③恢复现场。

④向中断控制器 8259A 发中断结束命令。

⑤执行 IRET 指令，返回被中断的程序。

（3）常见的中断程序

①用自编程序去替换原中断处理程序：程序的结尾为 IRET（中断返回）。

②修改、扩展原处理程序的功能：自编程序结尾用 JMP FAR 转移到原中断程序。

③驻留内存式中断程序，即 TSR 程序：借助 INT 27H 或 31H 号功能，把用户中断程序驻留内存，然后返回 DOS，中断发生时执行之，可返复执行。

④一般程序方式：设置好中断向量后，等待中断发生，执行完用户程序后，返回 DOS。

（4）中断程序的结构

①中断加载程序

◇取需设置中断类型的入口地址，并保存到双字变量中。

◇设置中断向量表，为避免重复加载，可判断中断程序是否驻留（在向表中的向量与要设置的向量是否相同，若相同则表示该中断程序已加载）。

◇设置 8259A 中断屏蔽寄存器（OCW1，口地址 21H）相应位，允许中断，开放 CPU 中断（IF=1，用指令 STI）。

◇用 INT 27H 或 INT 21H 的 31H 功能驻留用户的中断服务程序。

②中断服务程序

◇开中断。

◇保护现场。

◇用户中断处理程序。

◇恢复现场。

◇向 8259A 发中断结束命令（向 20H 口输出 OCW2=20H）。

◇中断返回（IRET）。

（5）程序驻留内存的功能

①INT 27H

入口参数：CS:DX=程序驻留内存的结束地址（注：程序的开始部分为驻留程序段）。

执行：INT 27H

功能：将 PSP（程序头）开始到 CS:DX 所指的结束地址驻留内存

说明：INT 27H 仅对.COM 文件有效，且程序长度<64K。

②INT 21H 的 31H 号功能

入口参数：AH=31H

　　　　　　AL=返回值

　　　　　　DX=以节为单位的留驻长度

执行：INT 21H

说明：

◇程序驻留长度从 PSP 头开始，以节为单位写入 DX 中，1 节=16 字节。

◇DX=（驻留结束地址–代码段起始地址+15）÷16（加 15，即确保不够 1 节的部分能可靠驻留）。

◇程序驻留长度可以超过 64K。

注意：用上述两种方法驻留内存的程序，只能在 Windows 98 的 MS-DOS 模式下，或纯 DOS 下才能正常运行。

8.3 实 验 程 序

本实验利用由 8253 的计数通道 0，通过 8259A 的 IRQ0 产生的定时中断实现时钟显示。

当产生定时中断时，CPU 转入 BIOS 的 08H 号中断处理程序，在该中断处理程序中是一条软中断指令"INT 1CH"，而在该软中断程序中，只有一条 IRET 指令，这样系统每秒钟产生 18.2 次定时中断，调用 18.2 次 INT 1CH，这为开发者提供了一个编写与时间有关的程序的软中断接口。程序的具体操作如下：

①在时钟显示程序中，截获 1CH 号中断，在新的 1CH 中断处理程序安排一个计数器，记录调用的次数，每 18 次（约一秒钟）显示一次当前时间。

②程序用到 BOIS 的 1AH 号中断的 0 号功能，读取当前 COMS 计时器的数值：

入口参数：AH=02H

执行：　　　INT 1AH

出口参数：AL=午夜信号，CH=时的 BCD 码，CL=分的 BCD 码，DH=秒的 BCD 码

在主程序要保存原 1CH 号中断的中断向量，并设置新的时钟显示中断程序的中断向量，然后作其他工作，等待中断的发生，并在屏幕右上角显示时间，当主程序工作完成后，恢复原 1CH 中断向量。

实验参考程序如下：

```
count_val=18            ; 间隔数（约为一秒）
dpage=0                 ; 显示页号码
row=0                   ; 显示行号
column=80-buff_len      ; 显示开始列号
color=07h               ; 显示属性
        .286
        .model small
        .code           ; 为方便程序驻留内存，把中断处理程序放在主程序之前
                        ; 下面是 1CH 中断处理程序使用的变量
count   dw count_val    ; "嘀答"间隔计数器
hhhh    db ?，?，":"     ; 时
mmmm    db ?，?，':'     ; 分
ssss    db ?，?          ; 秒
buff_len=$-offset hhhh  ; 显示信息长度
cursor  dw ?            ; 保存当前光标位置

; 1CH 号中断处理程序代码
new1ch:
        cmp cs:count，0          ;是否到显示时候
        jz next                 ;是转 next
        dec cs:count            ;否则间隔计数器减 1
        iret                    ;中断返回
```

```
next:
            mov cs:count，count_val     ;间隔计数器重置初值 18
            sti                         ;开中断，即允许中断嵌入该中断处理程序
            pusha                       ;保护现场
            push ds
            push es
            push cs                     ;填写 DS 和 ES
            pop ds
            push ds
            pop es
            call get_t                  ;读取系统时间
            mov bh, dpage               ;BX←页号
            mov ah, 3                   ;取原光标位置
            int 10h
            mov cursor, dx              ;保存原光标位置
            mov bp, offset hhhh         ;bp←时间信息串首地址
            mov bh, dpage               ;bh←页号
            mov dh, row                 ;dh←行号
            mov dl, column              ;dl←列号
            mov bl, color               ;bl←显示属性
            mov cx, buff_len            ;cx←显示字符数
            mov al, 0                   ;al←显示模式，移动光标
            mov ah, 13h                 ;显示时钟
            int 10h
            mov bh, dpage               ;bh←页号
            mov dx, cursor              ;dx←原光标位置
            mov ah, 2                   ;恢复光标原位置
            int 10h
            pop es                      ;恢复现场
            pop ds
            popa
            iret                        ;中断返回
get_t    proc                          ;取当前系统时间过程
            mov ah, 2                   ;取时间信息
            int 1ah
            mov al, ch                  ;al←ch 中的小时数
            call ttasc                  ;调用转换压缩 BCD 码为 ASCII 码子程序
            xchg ah, al                 ;高低位 ASCII 码互换
            mov word ptr hhhh, ax       ;保存小时数
            mov al, cl                  ;al←cl 中的分钟数
```

```
        call ttasc
        xchg ah，al
        mov word ptr mmmm，ax      ;保存分钟数
        mov al，dh                 ;al←dh 中的秒数
        call ttasc
        xchg ah，al
        mov word ptr ssss，ax      ;保存秒数
        ret
get_t   endp
;压缩 BCD 码转换为 ASCII 码子程序
;入口参数:AL=压缩 BCD 码
;出口参数:AH=高位 ASCII 码
;         AL=低位 ASCII 码
ttasc   proc
        push cx
        mov ah，al
        and al，0fh
        mov cl，4
        shr ah，cl                 ;高四位移到低四位
        add ax，3030h              ;转为 ASCII 码
        pop cx
        ret
ttasc   endp
;初始化代码和变量
old1ch  dd ?
start:  push cs
        pop ds                     ;填写 DS
        mov ax，351ch              ;取 1CH 号中断向量
        int 21h
        mov word ptr old1ch，bx    ;保存向量偏移地址
        mov word ptr old1ch+2，es  ;保存向量段地址
        mov dx，offset new1ch      ;dx←新时钟中断入口偏移地址
        mov ax，251ch              ;新中断段地址已在 DS 中
        int 21h                    ;设置新的 1CH 号中断向量
        mov ah，0                  ;等待按键（即等待中断发生）
        int 16h
        lds dx，old1ch             ;dx←原中断入口偏移地址
        mov ax，251ch              ;恢复原中断向量
        int 21h
        mov ah，4ch
```

```
        int 21h
        end start
```

8.4　实　验　步　骤

（1）编辑实验程序 test8.asm，并汇编、链接生成可执行文件 test8.exe。

（2）进入 Windows 操作系统的命令提示符，运行 test11.exe，其运行格式为：

C:\>test8

按键盘后观察屏幕右上角显示的时钟。

（3）按任意键退出程序运行。

第9章

8255A 与 PC 机的键盘操作实验

9.1 实 验 目 的

（1）了解可编程并行接口芯片 8255A 在 PC 机的工作情况。
（2）掌握 PC 机键盘的工作原理。

9.2 实 验 原 理

IBM PC/XT 使用一片 8255A 管理键盘、控制扬声器和输入系统配置开关 DIP 的状态（注：现代的 PC 机已无 DIP 开关）等。8255A 的三个端口均工作于方式 0，主要用来检测系统配置及系统故障自检，并用于键盘扫描。在 PC 机中，8255A 端口 A、B、C 的地址分别为 60H、61H、62，控制口地址为 63H，如图 9.1 所示。

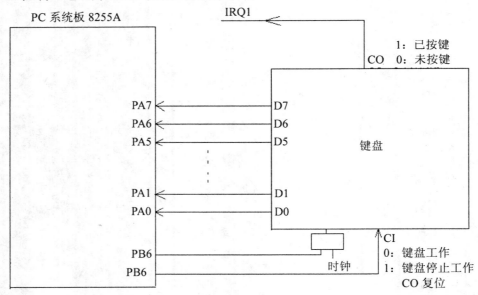

图 9.1 PC 中的键盘接口

（1）A 端口在上电自检时工作于输出状态，输出当前检测部件的标志码，以便确认有关部件工作是否正常。自检完成后，又设置为方式 0 输入，用来读取键盘扫描码。

（2）B 端口工作于方式 0 输出，输出系统内部的若干控制信号，完成对键盘的控制，用于键盘的串/并行转换，检验 RAM 及 I/O 通道，控制 8253 计数器 2 的计数及扬声器发声。

B 端口输出系统内部的控制信号，通过编程设置这些信号，可以控制系统内部某些电路的动作。

PB0：输出控制信号到 8253 的 GATE2 输入端，控制计数器的工作。

PB1：输出控制信号到扬声器接口电路，控制扬声器发声。

PB2：是保留使用的输出信号，也可以用来控制键盘接口的工作。

PB3：输出控制信号到系统配置开关 DIP，控制对 DIP 的读取。

PB4：输出控制信号到 RAM 奇偶校验电路，启动或关闭 RAM 的奇偶校验。

PB5：输出控制信号到 NMI 控制电路，允许或关闭 I/O 通道的奇偶校验。

PB6：输出控制信号到键盘时钟电路控制电路，控制键盘时钟信号的通断。

PB7：输出联络信号到键盘电路的 CI 端，启停键盘工作：在 CI 端外加"0"电平时键盘工作，外加"1"电平时停止工作并复位 CO 端。当操作者已按键，键盘把对应的扫描码送接口时，CO 端输出"1"电平到 8259A 的 IRQ1 端，申请键盘中断。

（3）C 端口工作于输入状态用来读取系统配置开关状态、奇/偶校验状态和扬声器状态。其中 PC4 读取扬声器的状态，PC5 读取 8253 的 OUT2 的输出状态，PC6 读取 I/O 通道中奇偶校验的状态，PC7 读取系统板上 RAM 奇偶校验的结果。

9.3　实 验 程 序

本实验给出一个在中断方式下用户管理键盘的程序实例。其功能是：用户每按下一个键，它就接收其扫描码，转换成对应的 ASCII 码并显示在屏幕上。

中断程序功能是：

（1）用 IN AL，60H 指令接收输入键盘扫描码。

（2）向键盘发回执信号：使 PB7 输出 1（复位 CO 为下次传送做准备），再输出 0（使键盘工作）。

（3）把收到的扫描码转换为 ASCII 码。

（4）把得到的 ASCII 码存入缓冲区。

主程序的功能是：从缓冲区取一个字符送屏幕显示。

实验参考程序：

;键盘支持程序

```
            .model small
            .stack 256
            .data
buffer      db 10 dup（0）      ;键盘缓冲区
bufptr1     dw 0               ;缓冲区首址指针（指向输出）
bufptr2     dw 0               ;缓冲区末址指针（指向输入）
;当 bufptr1=bufptr2 时，缓冲区是空的
;扫描码变换为 ASCII 码的换码表：
scantable db 0，1，'1234567890-='，8，0
```

```
            db 'QWERTYUIOP[]', 0dh, 0
            db 'ASDFGHJKL;', 0, 0, 0, 0
            db 'ZXCVBNM, ./', 0, 0, 0
            db '', 0, 0, 0, 0, 0, 0, 0, 0, 0, 0, 0, 0, 0
            db '789-456+1230.'
            .code
start       proc far
            push ds                  ;保护程序首地址
            xor ax, ax
            push ax
            mov ax, @data
            mov ds, ax
;建立用户自己的键盘中断服务程序
            cli                      ;关中断
            xor ax, ax
            mov es, ax
            mov di, 24h              ;24h=09h（键盘中断 IRQ1 类型号）×4
            mov ax, offset kbint
            cld
            stosw                    ;kbint 的偏移地址置入中断向量表 0000:0024h 字单元
            mov ax, cs
            stosw                    ;kbint 的段地址置入中断向量表 0000:0026h 字单元
            in al, 21h               ;读 8259A 的中断屏蔽字 OCW1
            and al, 0fch
            out 21h, al              ;开放定时中断和键盘中断
;从键盘读字符并显示出来
forever:    call kbget               ;等待和接收键盘输入字符
            push ax                  ;保护取得的字符码
            call dispchar            ;显示接收到的字符
            pop ax
            cmp al, 1                ;是否按下 Esc 键
            jz ext                   ;是，退出
            cmp al, 0dh              ;是回车键吗?
            jnz forever              ;不是则转移
            mov al, 0ah              ;是，加入换行符
            call dispchar
            jmp forever
ext:        ret
start       endp
kbget       proc near                ;等待并接收从键盘输入字符送到 al 子程序
```

```
                push bx              ;保护原输出指针
                cli                  ;关中断
                mov bx, bufptr1
                cmp bx, bufptr2      ;缓冲区是否空
                jnz kbget2           ;不空转
                sti                  ;空，开中断
                pop bx               ;用 bx 保存当前缓冲区的偏移量
                jmp kbget            ;等待缓冲区有字符码为止
kbget2:         mov al, [buffer+bx]  ;取字符
                inc bx
                cmp bx, 10           ;是否到缓冲区末尾
                jc kbget3            ;否，转
                mov bx, 0            ;是，bx 指向缓冲区首
kbget3:         mov bufptr1, bx      ;修改输入指针
                sti
                pop bx
                ret
kbget           endp
kbint           proc far             ;键盘中断服务子程序
                push bx
                push ax
                in al, 60h           ;读键盘输入的扫描码（8255A 端口 A）
                push ax
                in al, 61h           ;读 8255A 端口 B
                or al, 80h
                out 61h, al          ;置 PB7 为"1"
                and al, 7fh
                out 61h, al          ;恢复 PB7 为"0"
                pop ax
                test al, 80h         ;键盘是否松开（D7=1 松开）？
                jnz kbint2           ;松开，没有按键退出中断程序
                lea bx, scantable
                xlatb                ;al 中的扫描码转换为 ASCII 码
                cmp al, 0            ;是有效的 ASCII 码吗？
                jz kbint2            ;不是，转
                mov bx, bufptr2
                mov [buffer+bx], al
                inc bx               ;修改尾指针
                cmp bx, 10           ;到缓冲区尾部?
                jc kbint3            ;否，转
```

```
              mov bx，0              ;是，指向始端
kbint3:       cmp bx，bufptr1        ;缓冲区是否满?
              jz kbint2             ;是，转，丢掉字符
              mov bufptr2，bx        ;否则，尾指向新的位置
kbint2:       mov al，20h            ;中断结束命令
              out 20h，al           ;送 8259A
              pop ax
              pop bx
              iret
kbint         endp
dispchar proc near
              push ax
              push dx
              mov dl，al
              mov ah，02h
              int 21h
              pop dx
              pop ax
              ret
dispchar      endp
              end start
```

9.4 实 验 步 骤

（1）编辑实验程序 test9.asm，并汇编、连接生成可执行文件 test9.exe。

（2）进入 Windows 操作系统的命令提示符，运行 test9.exe，按键盘上的数字键盘和字母键，观察程序的运行情况。

（3）按 Esc 键退出程序运行。

注：这个用户键盘管理程序较 BIOS 中的键盘驱动程序 INT 16H 相比，作了一些简化，略去了字符大写、小写、"Shift" "Shift-Lock" 以及其他控制键组合功能的处理。

第 *10* 章

8253 与 PC 机的时钟操作实验

10.1 实 验 目 的

（1）了解可编程定时/计数器芯片 8253 在 PC 的工作情况。

（2）掌握 PC 机定时操作的工作原理。

10.2 实 验 原 理

在 PC 机上对接口定时电路的要求主要表现在三方面：

一是日历时钟，包括年月日、时分秒，精确到 0.01s；

二是动态存储器刷新；

三是声音，定时器可根据不同的音频产生不同的频率信号，驱动扬声器。

在 PC 机定时系统中以 8253 为核心设立了三个相互独立的通道。

8253 的端口地址为：0040H～0043H 分别作为计数通道 0～3 的地址。

（1）道 0 为计时提供定时中断信号

通道 0 是一个产生实时时钟信号的系统计时器。系统利用它完成日历时钟计数，控制软盘驱动器读写操作后的电动机的自动延迟停机，以及为用户提供定时中断调用。用户可使用这个中断调用运行自己的中断处理程序。

①基本工作情况：GATE0=+5V，CLK0 输入=1.1931816MHz 方波，工作于方式 3，计数初值=0（即 65536），输出信号 OUT0 连接到系统板上 8259A 的 IRQ0 中断请求输入线（最高级可屏蔽中断）。

②定时中断间隔：在 OUT0 引脚上输出 1.1931816MHz / 65536=18.206 506Hz 的方波脉冲序列，其周期正是产生计时处理中断的时间间隔：

OUT0 上输出方波的周期≈0.0549254206se≈54.9252ms

即每经过 54.925ms 产生一次 0 级中断请求。根据该中断请求，系统直接调用固化在 BIOS 中的中断处理程序，调用命令为 INT 8H（即该中断的类型号为 8）。

③INT 08H 定时中断的功能。

第一项功能是完成日时钟的计时。

BIOS 数据区的 40:6CH 和 40:6FH 是一个双字的系统计时器。每次中断计时操作就是对该系统计时器进行加 1 操作。

通道 0 中断频率为每秒 18.2065 次，计满 24 小时需要中断 18.2065×3600×24=1573042（001800B2H）次。每次中断总是对低字进行加 1，当低字计满为 0 时，高字加 1；当高字计到 0018H、低字计到 00B2H 时，表示计满 24 小时，双字复位清零，并建立计满 24 小时标志，置 40:70H 单元=1。任何一次对中断 INT 1AH（读取/设置当前计时器数值）的调用，BIOS 中的中断服务程序将撤销其标志，置 40:70H 单元=0。

第二项功能是实现软盘驱动器的马达开启时间管理，使其开启一段时间，完成数据存取操作后自动关闭（系统设定的延迟时间为 2s）。

控制延迟停机的工作原理是，在软盘存取操作后从磁盘基数区域读取一个延迟常数到 BIOS 数据区单元 40:40H，然后利用通道 0 的每秒 18.2065 次的中断，对 40:40H 单元值进行减 1 操作，当减为 0 时，发出关闭软盘驱动电机的命令。由于通道 0 的中断间隔时间为 54.925ms，达到延迟 2s 所需的延迟常数就为 37（54. 925ms×37=2s）。

INT 8H 服务程序处理了日时钟计时操作后，紧接着对 40:40H 单元减 1，并判断是否为 0 操作。

第三项功能是进行 INT 1CH 软中断调用。PC 机系统设置 INT 1CH 的目的在于建立一个用户可用的定时操作服务程序入口。如果用户没有编制新的 INT 1CH 中断服务程序，并修改 1CH 的中断向量地址，则 INT 8H 调用了 1CH 号中断后立即从 INT 1CH 中断返回，因为 PC 系统原来的 INT 1CH 中断服务程序仅由一条中断返回指令 IRET 组成。

（2）通道 1 专门用作动态存储器刷新的定时控制

GATE1=+5V，CLK1 端的信号=1.1931816MHz 方波脉冲串，工作于方式 2。计数器初值=18（即 0012H），在 OUT2 端输出一负脉冲序列，其周期为 18/1.1931816=15.08μs，该信号用作 D 触发器的触发时钟信号，使每隔 15.08 μs 产生一个正脉冲，周期性地对系统的动态存储器刷新。

（3）通道 2 用于为系统机箱内的扬声器发声提供音频信号

时钟脉冲输入 CLK2=1.1931816MHz 方波，工作于方式 3，系统中计数初值寄存器=0533H（即十进制 1331），于是当 GATE2=高电平时，OUT2 将输出频率为 1.1931816MHz/1 331≈90Hz 的方波，该方波信号经放大和滤波后推动扬声器。

注：送到扬声器的信号实际上受到从并行接口芯片 8255A 来的双重控制（参阅实验 11 的实验原理），8255A 的 PB0 位接到通道 2 的 GATE2 引脚，通道 2 的 OUT2 信号和 8255A 的 PB1 同时作为与门的输入。PB0 和 PB1 位可由程序决定为 0 或 1，显然只有 PB0 和 PB1 都是 1，才能使扬声器发出声音。改变计数初值，就可改变 OUT2 输出信号的频率，从而改变扬声器发出的音调。利用通道 2 的这种配置，可以实现软件控制发声，也可以实现硬件控制发声。

1. 软件控制发声——位触发方式

CPU 控制 8255A 的 PB1（即端口 61H 的 D1 位）的电平变化使扬声器发声称为软件控制发声。这时需要将 8253 的 OUT2 置于高电平，以允许来自 PB1 的音频信号通过与门。具体实现方法如下：

（1）设置 I/O 端口 61H 的 D0=0，使通道 2 的门控信号 GATE2=0，从而封锁通道 2 计数，OUT2 端输出高电平，开放与门；

（2）置 I/O 口 61H 的 D1=0，开通扬声器；

（3）程序延迟等待，延迟时间为音频信号周期的 1/2；

（4）使 I/O 口 61H 的 D1=1，关闭扬声器；

（5）延迟音频信号 1/2 周期时间；

（6）返回到②，循环往复。循环次数可根据发声时间长短确定。

2．硬件控制发声——定时器驱动扬声器方式

利用通道 2 工作于方式 3 输出音频信号来使扬声器发声，称为硬件控制发声。这是 PC 机定时系统提供的一项基本功能。通过改变计数初值，可改变 OUT2 输出方波信号的频率，从而声器发声的音调。实现硬件控制发声的例程如下：

```
IN   AL，61H
AND AL，0FCH        ;使 PB1、PB0 为 0，关闭扬声器
OUT 61H，AL
MOV AL，0B6H        ;设置通道 2 方式控制字，使之工作于方式 3
OUT 43H，AL
MOV AX，1352        ;按 A 调设置计数初值
OUT 42H，AL         ;写初值低字节
MOV AL，AH          ;写初值高字节
OUT 42H，AL
IN   AL，61H         ;使 PB1、PB0 为 1，启动扬声器工作
OR   AL，03H
OUT 61H，AL
```

注：由于定时器/计数器为 16 位字长，PC 机发出的最低音频信号为 18Hz（1193181.6/65536），最高频率为输入信号频率 1.1931816MHz。例程中是按 A 调设置计数初值的，其发声频率约为 880Hz（1193181.6/1352）。

BIOS 对 8253 的初始化编程

根据据 8254 各计数器通道在定时系统中的功能，PC/AT 机在上电后，BIOS 对它的初始化程序段：

```
MOV  AL，36H         ;设置通道 0 方式控制字，选择双字节写，方式 3
OUT  43H，AL         ;二进制计数
MOV  AL，0           ;计数初值设定为 65536
OUT  40H，AL         ;写入低字节
OUT  40H，AL         ;写入高字节
MOV  AL，01010100B   ;设置通道 1 方式控制字，定义只写低位字节
OUT  43H，AL         ;方式 2，二进制计数
MOV  AL，18          ;预置计数初值
OUT  41H，AL
MOV  AL，10110110B   ;设置通道 2 方式控制字，定义双字节写
OUT. 43H，AL         ;方式 3，二进制计数
MOV  AX，533H        ;写计数初值
OUT  42H，AL         ;先写低字节
MOV  AL，AH          ;再写高字节
```

```
        OUT    42H，AL
        IN     AL，61H          ;以下使 8255 的 PB0、P1 为 1，控制扬声器发声
        MOV    AH，AL           ;将 8255B 口的内容保存于 AH
        OR     AL，03H
        OUT    61H，AL
```

在上述程序中，8255A 端口 B 内容保存在 AH 寄存器中，当关闭扬声器时，应再把存在 AH 中的内容送回 8255A 的 B 端口。

10.3　实　验　程　序

本实验对 PC 机中的 8253 进行编程，使得 PC 机成为一个精确的时钟。

（1）程序截获系统原有的时钟中断向量，置入用户自己的时钟中断向量。

（2）将 8253 的通道 0 设置为工作方式 3，二进制计数，装入计数初值 11932，使其每 10ms 产生一次定时中断，即每秒钟中断 100 次。在程序中设置有一个中断次数计数器 count100，初值为 100，每次中断减 1，到 0 后又重新置为 100，并对时间显示串进行处理。

（3）程序运行时，在命令行输入用户指定的当前时间 "nn:mm:ss"，即以两位数给出的 "时：分：秒"，按任意键后开始计时，并以 12 小时的格式显示当前时间。

（4）在程序运行过程中，即时间显示过程中，用户按任意键，恢复系统原中断向量，退出时钟程序的运行。

实验参考程序如下：

```
            .model small
            .stack 256
            .data
count100    db 100              ;中断次数计数器
tenhour     db 0                ;小时的十位数
hour        db 0                ;小时的个位数
            db ':'
tenmin      db 0                ;分的十位数
minute      db 0                ;分的个位数
            db ':'
tensec      db 0                ;秒的十位数
second      db 0                ;秒的个位数
oldtime     dw 0                ;保存原时钟中断向量
            dw 0
            .code
start proc far
            push ds             ;保护程序首地址
            xor ax，ax
            push ax
            mov ax，@data
```

```
        mov es，ax              ;[es:di]指向数据段（目的串地址）
        mov si，82h             ;[ds:si]指向 PSP 内命令行参数（源串地址）
        mov di，offset tenhour
        mov cx，8               ;"nn:mm:ss"共 8 个字节的 ASCII 码
        cld
        rep movsb              ;命令行参数移入数据段的显示串
        mov ds，ax             ;数据段地址置入 ds
        mov ah，0              ;等待用户按键启动时钟程序
        int 16h
        cli                    ;关中断，建立时钟中断服务程序
        mov ax，0
        mov es，ax             ;00H 段的段地址置入 es
        mov di，20h            ;时钟中断 08H*4=20H（时钟中断在向量表中的偏移量）
        mov bx，es:[di]        ;保存原中断向量
        mov oldtime，bx
        mov bx，es:[di+2]
        mov [oldtime+2]，bx
        mov ax，offset timer    ;设置用户中断向量
        stosw
        mov ax，seg timer
        stosw
        mov al，36h            ;8253 命令字:选择通道 0，方式 3，二进制计数
        out 43h，al           ;命令字送 8253 控制端口
        mov bx，11932         ;每秒中断 100 次的计数初值
        mov al，bl
        out 40h，al           ;计数初值置入通道 0 的初值寄存器
        mov al，bh
        out 40h，al
        in al，21h            ;读 8259A 的中断屏蔽寄存器
        and al，0fch          ;开放键盘和时钟中断
        out 21h，al           ;新的屏蔽字写入 8259A
        sti                   ;时钟中断服务程序建立完成，开中断
forever:mov ah，0bh            ;在循环显示时间的过程，检查用户是不按键
        int 21h
        cmp al，0ffh          ;若按键则退出时钟循环显示
        jz exit
        mov bx，offset tenhour  ;时间显示串首址置入 BX
        mov cx，8
dispclk:mov al，[bx]           ;读取显示串中的一个字符
        call dispchar         ;显示字符
```

```
        inc bx              ;BX 指向下一个字符
        loop dispclk
        mov al，0dh          ;完成 8 字符显示后回车（不换行）
        call dispchar
        mov al，second       ;读秒
wait1: cmp al，second        ;有改变吗?
        jz wait1            ;等待，到有改变为止
        jmp forever         ;重复显示
exit:   xor bx，bx          ;恢复原来的时钟中断向量
        mov es，bx
        mov di，20h
        mov bx，oldtime
        mov es:[di]，bx
        mov bx，oldtime+2
        mov es:[di+2]，bx
        ret
start endp
timer proc far              ;用户定时中断服务程序
        push ax
        dec count100        ;中断次数计数器减 1
        jnz timerx          ;若不是 0，退出中断处理
        mov count100，100    ;是 0，则计数器恢复原值，并继续以下处理
        inc second          ;秒加 1
        cmp second，'9'      ;秒到 9 吗?
        jle timerx          ;不到，则退出中断处理
        mov second，'0'      ;否则秒的个位置 0
        inc tensec          ;秒的十位加 1
        cmp tensec，'6'      ;秒的十位是否到 6
        jl timerx           ;否，退出处理
        mov tensec，'0'      ;是，称的十位置 0
        inc minute          ;分的个位加 1
        cmp minute，'9'      ;分的个位到 9 吗?
        jle timerx          ;否，退出处理
        mov minute，'0'      ;是，分的个位置 0
        inc tenmin          ;分的十位加 1
        cmp tenmin，'6'      ;分十位是否到 6
        jl timerx           ;否，退出处理
        mov tenmin，'0'      ;是，分的十位置 0
        inc hour            ;小时加 1
        cmp hour，'9'        ;小时的个位到 9 吗?
```

```
          ja adjhour          ;超过 9 调整，超过程 39H
          cmp hour，'3'        ;时的个位是 3 吗?
          jnz timerx          ;否，退出处理
          cmp tenhour，'1'     ;时的十位是 1 吗?
          jnz timerx          ;否，没有超过 12，退出处理
          mov hour，'1'        ;是，超过 12，时的个位置 1
          mov tenhour，'0'     ;时的十位置 0
          jmp short timerx    ;退出处理
adjhour:inc tenhour           ;时的十位加 1
          mov hour，'0'        ;时的个位置 0
timerx: mov al，20h            ;中断结束命令
          out 20h，al          ;送 8259AOCW2，结束本次中断处理
          pop ax
          iret
timer endp
dispchar  proc
          push ax
          push dx
          mov dl，al
          mov ah，02h
          int 21h
          pop dx
          pop ax
          ret
dispchar  endp
          end start
```

10.4　实　验　步　骤

（1）编辑实验程序 test10.asm，并汇编、链接生成可执行文件 test10.exe。

（2）进入 Windows 操作系统的命令提示符，运行 test10.exe，其运行格式为：

C:\>test10 nn:mm:ss

按任意键后观察屏幕上显示的时钟。

（3）再按任意键退出程序运行。

注：为了能在较短的时间内观察到时、分、秒的变化，可以将 8253 计数通道 0 的计数初值由 11932 改为 10，输入的初始时间可以为"nn:59:55"。

第11章

PC 机的发声与延时程序编写实验

11.1　实验目的

（1）了解 PC 机发声的原理和方式。
（2）掌握 PC 机发声程序和延时程序的编写方法。
（3）进一步了解 8255A 和 8253 在 PC 机中的应用。

11.2　实验原理

在实验 10 中我们介绍在 PC 机中利用定时/计数器 8253 两种发声的基本原理，在这里我们将这两种发声方式编写为一个可以方便调用的过程，在实验中，借助这两个过程实现 PC 机发声。

（1）位触发方式

程序直接控制并行接口芯片 8255A 的 B 口（I/O 端口地址为 61H）的第 1 位 PB1，使该位按所需要的频率进行 1 和 0 的交替变化，从而控制开关电路产生一串脉冲波形，这些脉冲经放大后驱动扬声器发出声音。如果控制这一串脉波形的脉宽和长度就可以产生不同频率和不同音长的声音，其工作原理如图 11.1 所示。在这里不用定时器 2 输出的频率信号发声，所以把端口 61H 的第 0 位 PB0 置 0，使定时器的 GATE2=0，其 OUT2 不输出频率信号。

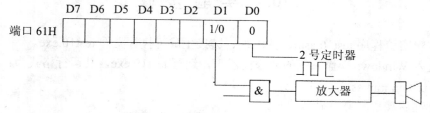

图 11.1　位触发方式发声原理

采用位触发方式发声的过程如下：
;sound 过程——实现位置 0、置 1 发声
;入口参数：
;bx=置 0、置 1 延时计数初值
;cx=置 0、置 1 的总次数

```
sound proc near
        push ax
        push dx
        mov dx，cx
        in al，61h
        and al ， 11111100B
trig:   xor al，2
        out 61h，al
        mov cx，bx
delay: loop delay
        dec dx
        jne trig
        pop dx
        pop ax
        ret
sound endp
```

编写一个主程序，调用该过程即可实现发声。

（2）定时器驱动扬声器方式

这是直接利用 8253/8254 定时器产生声音的一种方法。BIOS 中的 BEEP 子程序就是用这种方法，产生频率为 896Hz 的声音。

定时器 2 的 GATE2 与端口 61H 的 PB0 相连，当 PB0=1 时，GATE2 获得高电平，使定时器 2 可以在模式 3（方波）下工作。定时器 2 的 OUT2 与端口 61H 的 PB1 通过一个与门与扬声器的驱动电路相连，如图 11.2 所示。当 PB1=1 时，允许 OUT2 输出的频率信号到达扬声器电路。

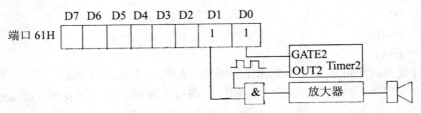

图 11.2　定时器驱动扬声器方式发声原理

定时器 2 输出的方波频率取决与初始化定时器时提供的计数初值，即对 CLK2 端的计数脉信号的分频系数。加在 CLK2 端上的频率为 1193100 Hz=12348CH Hz，送入定时器 2 的计数初值为：12348CH÷发声频率。

用定时器驱动扬声器方式发声的通用过程如下：

```
;入口参数:di=发声频率
;            bx=延时计数初值
;为了使用 pusha、popa 指令和在 Windoiws XP 的命令提示符能正常运行，选择 286CPU
public    gsound              ;过程声明为通用符号
        .286
```

```
              .model small
              .code
  gsound      proc near
              pusha
              mov al, 10110110b      ;定时器 2 控制字，方式 3，输出方波
              out 43h, al
              mov dx, 12h            ;dx|ax←1193100Hz
              mov ax, 348ch
              div di
              out 42h, al            ;定时器 2←分频系数
              mov al, ah
              out 42h, al
              in al, 61h             ;al←61H 口
              mov ah, al             ;61H 口原数保存到 ah 中
              or al, 03h             ;61H 口的 PB0 和 PB1 置 1
              out 61h, al            ;本行执行后即开始发声
  wait1:
              mov cx, 0ffffH         ;发声延时
  delay:      loop delay
              dec bx
              jnz wait1
              mov al, ah             ;恢复 61H 口原数据
              out 61h, al
              popa
              ret
  gsound      endp
              end
```

这个通过发声程序可以生成一个独立的模块，如取名为 soundf.asm。

编写一个主程序，调用这个通用发声程序，即可实现控制定时器发声。如 sound.asm：

```
  extrn       gsound:far             ;声明 gsound 为远调用的外部过程
              .model small
              .code
  start:      mov cx, 40             ;cx←循环调用发声程序的次数
              mov di, 0              ;di←发声频率初数
  lp:         add di, 20             ;di←原发声频率+20
              mov bx, 0fffh          ;bx←延时计数初值
              call gsound            ;循环调用发声程序 gsound
              loop lp
              mov ah, 4ch
              int 21h
```

```
                    end start
```

两源程序文件编辑完成后，用 MASM611 汇编、链接的格为：

C:\tmp>ml sound.asm soundf.asm

Microsoft　（R）　Macro Assembler Version 6.11

Copyright　（C）　Microsoft Corp. 1981-1993.　All rights reserved.

　Assembling: sound.asm

　Assembling: soundf.asm

Microsoft　（R）　Segmented Executable Linker　Version 5.31.009 Jul 13 1992

Copyright　（C）　Microsoft Corp 1984-1992.　All rights reserved.

Object Modules [.obj]: sound.obj+

Object Modules [.obj]: "soundf.obj"

Run File [sound1.exe]: "sound.exe"

List File [nul.map]: NUL

Libraries [.lib]:

Definitions File [nul.def]:

　LINK : warning L4021: no stack segment

即把两个源程序文件分别汇编，并连链生成可执行程序文件 sound.exe。可以在命令提示符下运行，则发声。

（3）延时操作

上面两个过程的延时时间均与处理器的工作频率有关。在 PC 机中为了建立与处理器无关的时间延迟，可以利用硬件延时的方法，即通过端口 61H 的 PB4，使 PB4 每 15.08μs 触发一次，以产生一个固定不变的时间基准。在 IBM PC AT BIOS 中的 WAITF 子程序，就是一个产生 N×15.08μs 时间延迟的程序。调用 WAITF 子程序时，CX 寄存器必须装入 15.08μs 的倍数 N。

```
;入口参数：cx=COUNT OF 15.08 μs
public    waitf
          .model small
          .code
waitf     proc far
          push ax
waitf1:
          in al，61h        ;读取 8255A 的 B 口
          and al，10h       ;保留 PB4
          cmp al，ah        ;测试 PB4 是否改变
          je waitf1         ;等待改变
          mov ah，al        ;保存新的 PB4 状态
          loop waitf1       ;持续到 CX 为 0
```

```
        pop ax
        ret
waitf   endp
        end
```

程序编辑、汇编成功后，生成独立的源程序文件 delay.asm 和标文件 delay.obj，其中的子程序 waitf 可供其他模块的程序调用，合并连接，可生成可执行程序文件。

利用 waitf 子程序能获得任意的延迟时间，而不必考虑 CPU 的型号和工作频率。例如，为了产生 0.5s 的延迟，先设置 CX=33156（=500000/15.08），然后调用 waitf 子程序。

11.3 实 验 程 序

8 个音阶的频率值为：262、294、330、349、392、440、494、523，下面程序运行后，用户在键盘上按 1、2、3、4、5、6、7、8 时，分别发这 8 个音阶，且每次发声持续 5s。

程序中为 8 个音阶的频率值建立一个表，把表首地址置入 bx，在 si 中置入根据键盘输入的数码计算的相应频率存放的偏移量，用基址+变址寻址读取频率值，然后调用上面介绍的发声程序。

实验程序：

```
            .286
            .model small
            .data
            table dw 262，294，330，349，392，440，494，523 ;音阶频率表
            .code
start:      mov ax，@data
            mov ds，ax
new_note:
            mov ah，0
            int 16h
            cmp al，0dh                      ;回车结束程序运行
            je exit
            mov bx，offset table
            cmp al，'1'
            jb new_note
            cmp al，'8'
            ja new_note
            and ax，0fh
            shl ax，1
            sub ax，2
            mov si，ax
            mov di，[bx+si]                  ;di←音阶频率
            mov bx，10                       ;延时 1.25s
```

```
                call gsound
                jmp new_note
exit:           mov ah，4ch
                int 21h
;发声过程入口参数 di=发声频率
;                    bx=发声持续时间（1 为 0.125 秒）
gsound      proc near
                pusha
                mov al，10110110b    ;定时器 2 控制字，方式 3，输出方波
                out 43h，al
                mov dx，12h          ;dx|ax←1193100Hz
                mov ax，348ch
                div di
                out 42h，al          ;定时器 2←分频系数
                mov al，ah
                out 42h，al
                in al，61h           ;al←61H 口
                mov ah，al           ;61H 口原数保存到 ah 中
                or al，03h           ;61H 口的 PB0 和 PB1 置 1
                out 61h，al          ;本行执行后即开始发声
delay1:
                mov cx，8289         ;延时 0.125s
                call waitf
                dec bx
                jnz delay1
                mov al，ah           ;恢复 61H 口原数据
                out 61h，al
                popa
                ret
gsound      endp
;延时过程入口参数：cx=COUNT OF 15.08 μs
waitf    proc near
                push ax
waitf1:
                in al，61h           ;读取 8255A 的 B 口
                and al，10h          ;保留 PB4
                cmp al，ah           ;测试 PB4 是否改变
                je waitf1           ;等待改变
                mov ah，al           ;保存新的 PB4 状态
                loop waitf1         ;持续到 CX 为 0
```

```
        pop ax
        ret
waitf   endp
        end start
```

11.4 实 验 步 骤

（1）编辑实验程序 test11.asm，并汇编、链接生成可执行文件 test11.exe。

（2）进入 Windows 操作系统的命令提示符，运行 test11.exe，其运行格式为：

C:\>test11

按键盘上的数字键 1~8，并仔细听主机上小扬声器或蜂鸣器发出的声音。

（3）按回车键退出程序运行。

第12章

8250 与 PC 机串口通信实验

12.1 实 验 目 的

（1）了解可编程串行接口芯片 8250 在 PC 机的工作情况。
（2）掌握 PC 机串行接口通信程序的编写方法。

12.2 实 验 原 理

通常 PC/XT、PC/AT 及其兼容机均配有两个串行接口，分别以 COM1 和 COM2 标称。

大多数微机的两个串行口通过一个 25 脚的 D 型连接器和一个 9 脚的 D 型连接器和外界相连。随机器类型不同，也有些微机采用两个 9 脚 D 型连接器。25 脚或 9 脚的 D 型连接器大多设计在适配器卡上，使用时插入系统板的总线扩充槽中。也有的机器将串行口及其 D 型连接器设计在系统板上。

串行接口信号符合 RS-232-C 接口标准，但 D 型连接器的信号线并非完全与 RS-232-C 的信号线一一对应。

每一个串口连接 7 个端口地址。PC 机串口 1 的起始地址为 3F8H，中断为 IRQ4；串口 2 的起始地址为 2F8H，中断为 IRQ3。PC 机串口 1 的端口地址如下：

3F8H（OUT，3FBH 处 D7=0）发送保持寄存器（THR）

3F8H（IN，3FBH 处 D7=0）接收数据寄存器（RBR）

3F8H（OUT，3FBH 处 D7=1）波特率除数低位字节（DLL）

3F9H（IN，3FBH 处 D7=1）波特率除数高位字节（DLH）

3F9H（OUT，3FBH 处 D7=0）中断标识寄存器（IER）

3FAH（IN）中断标识寄存器（IIR）

3FBH（OUT）线路控制寄存器（LCR）

3FCH（OUT）调制解调器控制寄存器（MCR）

3FDH（IN）线路状态寄存器（LSR）

3FEH（IN）调制解调器状态寄存器（MSR）

注：线路控制寄存器 3FBH 的最高位 D7，称为除数寄存器访问允许位 DLAB。

这里，发送保持寄存器保存将要传送的数据字节，接收数据寄存器保存最近接收到的数据字节。线路控制及状态寄存器中所存放着波特率。调制解调器控制及调制解调器状态寄存器仅用于调制解调器通信，两个与中断有关的寄存器仅用于中断程序。

12.3　实　验　程　序

用 PC 机串口 1（COM1），编制一个简易的自发自收程序，其功能是：当按键时，将该键的 ASCII 码送 COM1 输出，又从 COM1 接收输出的字符，并将接收的字符送显示器显示。其中，接收用中断方式，发送用程序查询方式。

设 COM1 参数为：8 位字符，无校验，停止位为 2，波特率为 9600bit/s。

在程序中用到了 BIOS 的键盘中断 INT 16H：

INT 16H AH=0：从键盘读一个字符，AH 为键盘扫描码，AL 为 ASCII 码。

INT 16H AH=1：读键盘状态，ZF=1 表示没有按键，ZF=0 表示有键被按。

实验参考程序：

```
bufsize       equ 100
              .286
              .model small
              .stack 256
              .data
elflag        db 0
bfflag        db 0
buffer        db bufsize dup（0）   ;串行接口输入数据缓冲区
bufptro       dw 0                 ;缓冲区显示输出指针偏移量
bufptrin      dw 0                 ;缓冲区串行输入指针偏移量
eline         db 'The Line State Error!'，'$'
buffill       db 'The Buffer Filled'，'$'
              .code
start         proc far
              push ds              ;保护程序头首地址
              mov ax，0
              push ax
              mov ax，@data
              mov ds，ax
              cli                  ;关 CPU 中断布置各接口
              mov ax，0
              mov es，ax
              mov di，4*0ch         ;串口 1 中断向量存储的偏移地址
              mov ax，offset rint
              cld
              stosw                ;串口 1 接收中断程序入口偏地址置入向量表
              mov ax，cs
              stosw                ;串口 1 接收中断程序入口段地址置入向量表
```

```
              in al，21h            ;读 8259A 中断屏蔽寄存器
              and al，0efh
              out 21h，al           ;开放 8259AIR4 串口 1 中断
              mov dx，3fbh          ;8250 线控寄存器地址置入 DX
              mov al，80h
              out dx，al            ;线控寄存器的 D7 置 1，设置波特率
              mov dx，3f8h          ;8250 波特率分频器 L 地址置入 DX
              mov al，0ch
              out dx，al            ;分频系数 0CH 置入波特率分频器 L
              mov dx，3f9h          ;8250 波特率分频器 H 地址置入 DX
              mov al，0
              out dx，al            ;分频系数 0 置入分频器 H，波特设置为 9600bit/s
              mov dx，3fbh          ;8250 线控寄存器地址置入 DX
              mov al，07h           ;线控寄存器设置为 0000 0111
              out dx，al            ;设置为 8 位数据，2 位停止位，无校验
              mov dx，3fch          ;8250MODEM 控制寄存器地址置入 DX
              mov al，1bh           ;MODEM 控制字为 0001 1011
              out dx，al            ;DTR，RTS,OUT2 输出有效，SOUT 与 SIN 内部接通
              mov dx，3f9h          ;8250 中断允许寄存器地址置入 DX
              mov al，01
              out dx，al            ;只允许接收中断
              sti                  ;开 CPU 中断
forever:      mov ah，1
              int 16h              ;BIOS 键盘中断 1 号功能，读键盘状态
              jz eldisp            ;ZF=1，未按键，转显示
              mov dx，3fdh          ;ZF=0，有键按下，线路状态寄存器地址置入 DX
              in al，dx             ;读线路状态寄存器
              test al，20h          ;发送器是否为空？（即 D5=1？）
              jz eldisp            ;不空转显示
              mov ah，0             ;读键盘输入的字符到 AL
              int 16h
              mov dx，3f8h          ;8250 发送器地址置入 DX
              out dx，al            ;AL 中字符输出到发送器
eldisp:       mov bl，elflag        ;线路错标志送 BL
              cmp bl，0
              je bfdisp            ;无线路错信息转
              mov ah，9
              lea dx，eline
              int 21h              ;显示线路出错信息
bfdisp:       mov bl，bfflag        ;读缓冲满标志
```

```
                cmp bl, 0
                je rdisp            ;缓冲区没有满转
                mov ah, 9
                lea dx, buffill
                int 21h             ;显示缓冲区满信息
rdisp:          mov bx, bufptro     ;显示输出指针置入 BX
                cmp bx, bufptrin    ;判断缓冲区有无字符
                jnz bdisp           ;缓冲区出入指针不等，有字符转显示
                jmp forever         ;无字符转达
bdisp:          mov al, buffer[bx]  ;通过缓冲区显示输出指针读取一个字符
                mov dl, al
                mov ah, 2
                int 21h             ;在屏显示该字符
                cmp dl, 1bh         ;字符与 ESC 键码比较
                jz next1            ;按 ESC 退出
                cmp dl, 0dh         ;字符与回车键码比较
                jnz next
                mov ah, 2
                mov dl, 0ah         ;若是回车键，则换行
                int 21h
next:           inc bx              ;出指针偏量加 1
                cmp bx, bufsize     ;超过缓冲区底部吗?
                jc bdispi           ;未，转
                mov bx, 0           ;到底部转向顶部
bdispi:         mov bufptro, bx     ;修改输出指针偏量
                jmp forever         ;循环进行查询输出
next1:          ret
start           endp
rint            proc far            ;接收中断服务程序
                sti
                pusha
                mov ax, @data
                mov ds, ax
                mov dx, 3fdh
                in al, dx           ;读线路状态
                test al, 1eh        ;接收有错
                jnz lerror          ;有错转出错处理
                mov dx, 3f8h        ;接收器地址置入 DX
                in al, dx           ;由串口输入字符
                mov bx, bufptrin    ;缓冲区输入指针偏移量置入 BX
```

```
              mov [buffer+bx]，al        ;输入字符存入缓冲区
              inc bx                     ;修改偏移量
              cmp bx，bufsize            ;超过程缓冲区底部吗?
              jc rint3                   ;没有，转
              mov bx，0                  ;已超过程，转向顶部
rint3:        cmp bx，bufptro           ;缓冲区是否满?
              jz bf                      ;满转缓冲区满处理
              mov bufptrin，bx          ;保存缓冲区输入指针偏移量
              jmp rint2                  ;转向结束中断
bf:           mov al，1
              mov bfflag，al             ;置缓冲区满标志
              jmp rint2
lerror:       mov dx，3f8h
              in al，dx                  ;清除输入寄存器
              mov al，1
              mov elflag，al             ;置线路出错标志
rint2:        mov al，20h
              out 20h，al                ;向 8259A 发中断结束命令
              popa
              iret
rint          endp
              end start
```

12.4　实　验　步　骤

（1）编辑实验程序 test12.asm，并汇编、链接生成可执行文件 test12.exe。

（2）进入 Windows 操作系统的命令提示符，运行 test12.exe，其运行格式为：

C:\>test12

按键盘上的数字键盘、字母键等，观察屏幕显示的情况。

（3）按 Esc 键退出程序运行。

附　录

附录 1　8086 指令系统一览表

类型	汇编指令格式	功　　能	操作数说明	备　注
数据传送类	MOV dst, src	(dst) ← (src)	mem, reg reg, mem reg, reg reg, imm mem, imm seg, reg seg, mem mem, seg reg, seg mem, acc acc, mem	除 POPFT 和 SAHF 之外，均不影响标志位
	PUSH src	(SP) ← (SP) −2 ((SP) +1, (SP)) ← (src)	reg seg mem	
	POP dst	(dst) ← ((SP) +1, (SP)) (SP) ← (SP) +2	reg seg mem	
	XCHG op1, op2	(op1) ←→ (op1)	reg, mem reg, reg reg, acc	
	IN acc, port IN acc, DX	(acc) ← (port) (acc) ← ((DX))		
	OUT port, acc OUT DX, acc	(port) ← (acc) ((DX)) ← (acc)		
	XLAT			
	LEA reg, src	(reg) ←src	reg, mem	
	LDS reg, src	(reg) ←src (DS) ← (src+2)	reg, mem	
	LES reg, src	(reg) ←src (ES) ← (src+2)	reg, mem	
	LAHF	(AH) ← (FR 低字节)		
	SAHF	(FR 低字节) ← (AH)		
	PUSHF	(SP) ← (SP) −2 ((SP) +1, (SP)) ← (FR 低字节)		
	POPF	(FR 低字节) ← ((SP) +1, (SP)) (SP) ← (SP) +2		

（续表）

类型	汇编指令格式	功　　能	操作数说明	备　注
算术运算类	ADD dst，src	（dst）← （src）+ （dst）	mem，reg reg，mem reg，reg reg，imm mem，imm acc，imm	影响状态标志位（SF，ZF，CF，AF，OF，PF）不影响控制标志（IF，DF，TF）
	ADC dst，src	（dst）← （src）+ （dst）+CF	mem，reg reg，mem reg，reg reg，imm mem，imm acc，imm	
	INC op1	（op1）← （op1）+1	reg mem	
	SUB dst，src	（dst）← （src）- （dst）	mem，reg reg，mem reg，reg reg，imm mem，imm acc，imm	
	SBB dst，src	（dst）← （src）- （dst）-CF	mem，reg reg，mem reg，reg reg，imm mem，imm acc，imm	影响状态标志位（SF，ZF，CF，AF，OF，PF）不影响控制标志（IF，DF，TF）
	DEC op1	（op1）← （op1）-1	reg mem	
	NEG op1	（op1）←0- （op1）	reg mem	
	CMP op1，op2	（op1）- （op2）	mem，reg reg，mem reg，reg reg，imm mem，imm acc，imm	
	MUL src	（AX）← （AL）* （src） （DX，AX）← （AX）* （src）	8 位 reg 8 位 mem 16 位 reg 16 位 mem	

（续表）

类型	汇编指令格式	功　能	操作数说明	备　注
	IMUL src	（AX）←（AL）*（src） （DX，AX）←（AX）*（src）	8 位 reg 8 位 mem 16 位 reg 16 位 mem	
	DIV src	（AL）←（AX）/（src）的商 （AH）←（AX）/（src）的余数 （AX）←（DX，AX）/（src）的商 （DX）←（DX，AX）/（src）的余数	8 位 reg 8 位 mem 16 位 reg 16 位 mem	
	IDIV src	（AL）←（AX）/（src）的商 （AH）←（AX）/（src）的余数 （AX）←（DX，AX）/（src）的商 （DX）←（DX，AX）/（src）的余数	8 位 reg 8 位 mem 16 位 reg 16 位 mem	
	DAA	（AL）←AL 中的和调整为组合 BCD		
	DAS	（AL）←AL 中的差调整为组合 BCD		
	AAA	（AL）←AL 中的和调整为非组合 BCD （AH）←（AH）+调整产生的进位值		
	AAS	（AL）←AL 中的差调整为非组合 BCD （AH）←（AH）-调整产生的进位值		
	AAM	（AX）←AX 中的积调整为非组合 BCD		
	AAD	（AL）←（AH）*10+（AL） （AH）←0 （注意是除法进行前调整被除数）		
逻辑运算类	AND dst，src	（dst）←（dst）∧（src）	mem，reg reg，mem reg，reg reg，imm mem，imm acc，imm	影响标志位（CF=0，OF=0）
	OR dst，src	（dst）←（dst）∨（src）	mem，reg reg，mem reg，reg reg，imm mem，imm acc，imm	影响标志位（CF=0，OF=0
	NOT op1	（op1）←（$\overline{op1}$）	reg mem	不影响所有标志位
	XOR dst，src	（dst）←（dst）⊕（src）	mem，reg reg，mem reg，reg reg，imm mem，imm acc，imm	影响标志位（CF=0，OF=0

类型	汇编指令格式	功　能	操作数说明	备　注
	TEST op1，op2	（op1）∧（op2）	reg，mem reg，reg reg，imm mem，imm acc，imm	
	SHL op1，1 SHL op1，CL	逻辑左移	reg mem reg mem	
	SAL op1，1 SAL op1，CL	算术右移	reg mem reg mem	
	SHR op1，1 SHR op1，CL	逻辑右移	reg mem reg mem	
	SAR op1，1 SAR op1，CL	算术右移	reg mem reg mem	仅影响 CF，OF 状态标志位
	ROL op1，1 ROL op1，CL	循环左移	reg mem reg mem	
	ROR op1，1 ROR op1，CL	循环右移	reg mem reg mem	
	RCL op1，1 RCL op1，CL	带进位位的循环左移	reg mem reg mem	
	RCR op1，1 RCR op1，CL	带进位位的循环右移	reg mem reg mem	
串操作类	MOVSB MOVSW	（（DI））←（（SI）） （SI）←（SI）±1，（DI）←（DI）±1 （（DI））←（（SI）） （SI）←（SI）±2，（DI）←（DI）±2		除了 CMPS 和 SCAS 影响状态标志位外，其他均不影响所有标志位

（续表）

类型	汇编指令格式	功 能	操作数说明	备 注
	STOSB	（（DI））← （AL） （DI）← （DI）±1		
	STOSW	（（DI））← （AX） （DI）← （DI）±2		
	LODSB	（AL）← （（SI）） （SI）← （SI）±1		
	LODSW	（AX）← （（SI）） （SI）← （SI）±2		
	CMPSB	（（SI））-（（DI）） （SI）← （SI）±1，（DI）← （DI）±1		
	CMPSW	（（SI））-（（DI）） （SI）← （SI）±2，（DI）← （DI）±2		
	SCASB	（AL）-（（DI）） （DI）← （DI）±1		
	SCASW	（AX）← （（DI）） （DI）← （DI）±2		
	REP string_instruc	（CX）=0 退出重复，否则（CX）← （CX） -1 并执行其后的串指令		
	REPE/REPZ string_instruc	（CX）=0 或（ZF）=0 退出重复，否则（CX） ← （CX）-1 并执行其后的串指令		
	REPNE/REPNZ string_instruc	（CX）=0 或（ZF）=1 退出重复，否则（CX） ← （CX）-1 并执行其后的串指令		
控制转移类	JMP SHORT op1 JMP NEAR PTR op1 JMP FAR PTR op1 JMP WORD PTR op1 JMP DWORD PTR op1	无条件转移	reg mem	
	JZ/JE op1	ZF=1 则转移		
	JNZ/JNE op1	ZF=0 则转移		
	JS op1	SF=1 则转移		
	JNS op1	SF=0 则转移		
	JP/JPE op1	PF=1 则转移		
	JNP/JPO op1	PF=0 则转移		
	JC op1	CF=1 则转移		
	JNC op1	CF=0 则转移		
	JO op1	OF=1 则转移		
	JNO op1	OF=0 则转移		
	JB/JNAE op1	CF =1 且 ZF=0 则转移		
	JNB/JAE op1	CF =0 或 ZF=1 则转移		
	JBE/JNA op1	CF =1 或 ZF=1 则转移		
	JNBE/JA op1	CF =0 且 ZF=0 则转移		
	JL/JNGE op1	SF⊕OF=1 则转移		
	JNL/JGE op1	SF⊕OF=0 则转移		

类型	汇编指令格式	功　　能	操作数说明	备　注
	JLE/JNG op1	SF ⊕ OF＝1 或 ZF=1 则转移		
	JNLE/JG op1	SF ⊕ OF＝0 且 ZF=0 则转移		
	JCXZ op1	（CX）＝0 则转移		
	LOOP op1	（CX）≠0 则循环		
	LOOPZ/LOOPE op1	（CX）≠0 且 ZF=1 则循环		
	LOOPNZ/LOOPNE op1	（CX）≠0 且 ZF=0 则循环		
	CALL dst	段内直接:（SP）←（SP）－2 　　　　　（(SP)+1,（SP))←（IP） 　　　　　（IP）←（IP）+D16 段内间接:（SP）←（SP）－2 　　　　　（(SP)+1,（SP)),←（IP） 　　　　　（IP）←EA 段间直接:（SP）←（SP）－2 　　　　　（(SP)+1,（SP))←（CS） 　　　　　（SP）←（SP）－2 　　　　　（(SP)+1,（SP))←（IP） 　　　　　（IP）←目的偏移地址 　　　　　（CS）←目的段基址 段间间接:（SP）←（SP）－2 　　　　　（(SP)+1,（SP)),←（CS） 　　　　　（SP）←（SP）－2 　　　　　（(SP)+1,（SP))←（IP） 　　　　　（IP）←（EA） 　　　　　（CS）←（EA+2）	reg mem	
	RET	段内:（IP）←（(SP)+1,（SP)) 　　　（SP）←（SP）+2 段间:（IP）←（(SP)+1,（SP)) （SP）←（SP）+2 　　　（CS）←（(SP)+1,（SP)) （SP）←（SP）+2		
	RET exp	段内:（IP）←（(SP)+1,（SP)) （SP）←（SP）+2 （SP）←（SP）+D16 段间:（IP）←（(SP)+1,（SP)) 　　　（SP）←（SP）+2 　　　（CS）←（(SP)+1,（SP)) 　　　（SP）←（SP）+2 　　　（SP）←（SP）+D16		

（续表）

类型	汇编指令格式	功　　能	操作数说明	备　注
	INT N INT	(SP) ← (SP) −2 ((SP) +1, (SP)) ← (FR) (SP) ← (SP) −2 ((SP) +1, (SP)) ← (CS) (SP) ← (SP) −2 ((SP) +1, (SP)) ← (IP) (IP) ← (type * 4) (CS) ← (type * 4+2)	N≠3 (N=3)	
	INTO	若 OF＝1，则 (SP) ← (SP) −2 ((SP) +1, (SP)) ← (FR) (SP) ← (SP) −2 ((SP) +1, (SP)) ← (CS) (SP) ← (SP) −2 ((SP) +1, (SP)) ← (IP) (IP) ← (10H) (CS) ← (12H)		
	IRET	(IP) ← ((SP) +1, (SP)) (SP) ← (SP) +2 (CS) ← ((SP) +1, (SP)) (SP) ← (SP) +2 (FR) ← ((SP) +1, (SP)) (SP) ← (SP) +2		
处理器控制类	CBW	(AL) 符号扩展到 (AH)		
	CBD	(AX) 符号扩展到 (DX)		
	CLC	CF 清 0		
	CMC	CF 取反		
	STC	CF 置 1		
	CLD	DF 清 0		
	STD	DF 置 1		
	CLI	IF 清 0		
	STI	IF 置 1		
	NOP	空操作		
	HLT	停机		
	WAIT	等待		
	ESC mem	换码		
	LOCK	总线封锁前缀		
	seg:	段超越前缀		

附录2　8086宏汇编常用伪指令表

<table>
<tr><td rowspan="23">数据及结构定义</td><td>ASSUME</td><td>ASSUME segreg:seg_name[，…]</td><td>说明段所对应的段寄存器</td></tr>
<tr><td>COMMENT</td><td>COMMENT delimiter_text</td><td>后跟注释（代替;）</td></tr>
<tr><td>DB</td><td>[variable_name] DB operand_list</td><td>定义字节变量</td></tr>
<tr><td>DD</td><td>[variable_name] DD operand_list</td><td>定义双字变量</td></tr>
<tr><td>DQ</td><td>[variable_name] DQ operand_list</td><td>定义四字变量</td></tr>
<tr><td>DT</td><td>[variable_name] DT operand_list</td><td>定义十字变量</td></tr>
<tr><td>DW</td><td>[variable_name] DW operand_list</td><td>定义字变量</td></tr>
<tr><td>DUP</td><td>DB/DD/DQ/DT/DW　repeat_count DUP（operand_list）</td><td>变量定义中的重复从句</td></tr>
<tr><td>END</td><td>END [lable]</td><td>源程序结束</td></tr>
<tr><td>EQU</td><td>expression_name EQU expression</td><td>定义符号</td></tr>
<tr><td>=</td><td>label = expression</td><td>赋值</td></tr>
<tr><td>EXTRN</td><td>EXTRN name:type[，…]（type is: byte，word，dword or near，far）</td><td>说明本模块中使用的外部符号</td></tr>
<tr><td>GROUP</td><td>name GROUP seg_name_list</td><td>指定段在64K的物理段内</td></tr>
<tr><td>INCLUDE</td><td>INCLUDE filespec</td><td>包含其他源文件</td></tr>
<tr><td>LABEL</td><td>name LABLE type（type is: byte，word，dword or near，far）</td><td>定义name的属性</td></tr>
<tr><td>NAME</td><td>NAME　module_name</td><td>定义模块名</td></tr>
<tr><td>ORG</td><td>ORG expression</td><td>地址计数器置expression值</td></tr>
<tr><td>PROC</td><td>procedure_name PROC type（type is: near or far）</td><td>定义过程开始</td></tr>
<tr><td>ENDP</td><td>procedure_name ENDP</td><td>定义过程结束</td></tr>
<tr><td>PUBLIC</td><td>PUBLIC symbol_list</td><td>说明本模块中定义的外部符号</td></tr>
<tr><td>PURGE</td><td>PURGE expression_name_list</td><td>取消指定的符号（EQU定义）</td></tr>
<tr><td>RECORD</td><td>record_name RECORD field_name:length[=preassignment][，…]</td><td>定义记录</td></tr>
<tr><td>SEGMEMT</td><td>seg_name SEGMENT [align_type] [combine_type] ['class']</td><td>定义段开始</td></tr>
<tr><td rowspan="2">数据及结构定义</td><td>ENDS</td><td>seg_name ENDS</td><td>定义段结束</td></tr>
<tr><td>STRUC</td><td>structure_name STRUC
structure_name ENDS</td><td>定义结构开始
定义结构结束</td></tr>
<tr><td rowspan="14">条件汇编</td><td>IF</td><td>IF　argument</td><td>定义条件汇编开始</td></tr>
<tr><td>ELSE</td><td>ELSE</td><td>条件分支</td></tr>
<tr><td>ENDIF</td><td>ENDIF</td><td>定义条件汇编结束</td></tr>
<tr><td>IF</td><td>IF expression</td><td>表达式expression不为0则真</td></tr>
<tr><td>IFE</td><td>IFE expression</td><td>表达式expression为0则真</td></tr>
<tr><td>IF1</td><td>IF1</td><td>汇编程序正在扫描第一次为真</td></tr>
<tr><td>IF2</td><td>IF2</td><td>汇编程序正在扫描第二次为真</td></tr>
<tr><td>IFDEF</td><td>IFDEF symbol</td><td>符号symbol已定义则真</td></tr>
<tr><td>IFNDEF</td><td>IFNDEF symbol</td><td>符号symbol未定义则真</td></tr>
<tr><td>IFB</td><td>IFB < variable ></td><td>变量variable为空则真</td></tr>
<tr><td>IFNB</td><td>IFNB < variable ></td><td>变量variable不为空则真</td></tr>
<tr><td>IFIDN</td><td>IFIDN <string1>< string2></td><td>字串string1与string2相同为真</td></tr>
<tr><td>IFDIF</td><td>IFDIF < string1>< string2></td><td>字串string1与string2不同为真</td></tr>
</table>

（续表）

宏	MACRO	macro_name MACRO [dummy_list]	宏定义开始
	ENDM	macro_name ENDM	宏定义结束
	PURGE	PURGE macro_name_list	取消指定的宏定义
	LOCAL	LOCAL local_label_list	定义局部标号
	REPT	REPT expression	重复宏体次数为 expression
	IRP	IRP dummy，<argument_list >	重复宏体，每次重复用 argument_list 中的一项实参取代语句中的形参
	IRPC	IRPC dummy，string	重复宏体，每次重复用 string 中的一个字符取代语句中的形参
	EXITM	EXITM	立即退出宏定义块或重复块
	&	text&text	宏展开时合并 text 成一个符号
	;;	;;text	宏展开时不产生注释 text
列表控制	.CREF	.CREF	控制交叉引用文件信息的输出
	.XCREF	.XCREF	停止交叉引用文件信息的输出
	.LALL	.LALL	列出所有宏展开正文
	.SALL	.SALL	取消所有宏展开正文
	.XALL	.XALL	只列出产生目标代码的宏展开
	.LIST	.LIST	控制列表文件的输出
	.XLIST	.XLIST	不列出源和目标代码
	%OUT	%OUT text	汇编时显示 text
	PAGE	PAGE [operand_1] [operand_2]	控制列表文件输出时的页长和页宽
	SUBTTL	SUBTTL text	在每页标题行下打印副标题 text
	TITLE	TITLE text	在每页第一行打印标题 text

附录 3　DOS 系统功能调用（ INT 21H）

AH	功　　能	调用参数	返回参数
00	程序终止（同 INT 21H）	CS=程序段前缀 PSP	
01	键盘输入并回车		AL=输入字符
02	显示输出	DL=输出字符	
03	辅助设备（COM1）输入		AL=输入数据
04	辅助设备（COM1）输出	DL=输出字符	
05	打印机输出	DL=输出字符	
06	直接控制台 I/O	DL=FF（输入） DL=字符（输出）	AL=输入字符
07	键盘输入（无回显）		AL=输入字符
08	键盘输入（无回显）检测 CTRL-Break 或 Ctrl-C		AL=输入字符
09	显示字符串	DS:DX=串地址 字符串以 '$' 结尾	
0A	键盘输入字符串到缓冲区	DS:DX=缓冲区首址 (DS:DX)=缓冲区最大字符数	(DS:DX+1)=实际输入的字符数 DS:DX+2 字符串首地址
0B	检验键盘状态		AL=00 有输入 AL=FF 无输入
0C	清除缓冲区并请求指定的输入功能	AL=输入功能号 (1, 6, 7, 8)	
0D	磁盘复位		清除文件缓冲区
0E	指定当前默认的磁盘驱动器	DL=驱动器号（0=A，1=B…）	AL=系统中驱动器数
0F	打开文件（FCB）	DS:DX=FCB 首地址	AL=00 文件找到 AL=FF 文件未找到
10	关闭文件（FCB）	DS:DX=FCB 首地址	AL=00 目录修改成功 AL=FF 目录中未找到文件
11	查找第一个目录项（FCB）	DS:DX=FCB 首地址	AL=00 找到匹配的目录项 AL=FF 未找到匹配的目录项
12	查找下一个目录项（FCB）	DS:DX=FCB 首地址使用通配符进行目录项查找	AL=00 找到匹配的目录项 AL=FF 未找到匹配的目录项
13	删除文件（FCB）	DS:DX=FCB 首地址	AL=00 删除成功 AL=FF 文件未删除
14	顺序读文件（FCB）	DS:DX=FCB 首地址	AL=00 读成功 =01 文件结束，未读到数据 =02 DTA 边界错误 =03 文件结束，记录不完整
15	顺序写文件（FCB）	DS:DX=FCB 首地址	AL=00 写成功 =01 磁盘满或是只读文件 =02 DTA 边界错误
16	建文件（FCB）	DS:DX=FCB 首地址	AL=00 建文件成功=FF 磁盘操作有错
17	文件改名（FCB）	DS:DX=FCB 首地址	AL=00 文件被改名 =FF 文件未改名
19	取当前默认磁盘驱动器		AL=00 默认的驱动器号 0=A，1=B，2=C…
1A	设置 DTA 地址	DS:DX=DTA 地址	

（续表）

AH	功　能	调用参数	返回参数
1B	取默认驱动器 FAT 信息		AL=每簇的扇区数 DS:BX=指向介质说明的指针 CX=物理扇区的字节数 DX=每磁盘簇数
1C	取指定驱动器 FAT 信息		同上
1F	取默认磁盘参数块		AL=00 无错=FF 出错 DS:BX=磁盘参数块地址
21	随机读文件（FCB）	DS:DX=FCB 首地址	AL=00 读成功 　=01 文件结束 　=02 DTA 边界错误 　=03 读部分记录
22	随机写文件（FCB）	DS:DX=FCB 首地址	AL=00 写成功 　=01 磁盘满或是只读文件 　=02DTA 边界错误
23	测定文件大小（FCB）	DS:DX=FCB 首地址	AL=00 成功，记录数填入 FCB =FF 未找到匹配的文件
24	设置随机记录号	DS:DX=FCB 首地址	
25	设置中断向量	DS:DX=中断向量 AL=中断类型号	
26	建立程序段前缀 PSP	DX=新 PSP 段地址	
27	随机分块读（FCB）	DS:DX=FCB 首地址 CX=记录数	AL=00 读成功 =01 文件结束 =02DTA 边界错误 =03 读部分记录 CX=读取的记录数
28	随机分块写（FCB）	DS:DX=FCB 首地址 CX=记录数	AL=00 写成功 =01 磁盘满或是只读文件 =02DTA 边界错误
29	分析文件名字符串（FCB）	ES:DI=FCB 首址 DS:SI=文件名串（允许通配符） AL=分析控制标志	AL=00 分析成功未遇到通配符 =01 分析成功存在通配符 =FF 驱动器说明无效
2A	取系统日期		CX=年（1980—2099） DH=月（1—12） DL=日（1—31） AL=星期（0—6）
2B	置系统日期	CX=年（1980—2099） DH=月（1—12） DL=日（1—31）	AL=00 成功 　=FF 无效
2C	取系统时间		CH:CL=时：分 DH:DL=秒：1/100 秒
2D	置系统时间	CH:CL=时：分 DH:DL=秒：1/100 秒	AL=00 成功 　=FF 无效
2E	设置磁盘检验标志	AL=00 关闭检验 　=FF 打开检验	
2F	取 DTA 地址		ES:BX=DTA 首地址

（续表）

AH	功　能	调用参数	返回参数
30	取 DOS 版本号		AL=版本号 AH=发行号 BH=DOS 版本标志 BL:CX=序号（24 位）
31	结束并驻留	AL=返回码 DX=驻留区大小	
32	取驱动器参数块	DL=驱动器号	AL=FF 驱动器无效 DS:BX=驱动器参数地址
33	CTRL-Break 检测	AL=00 取标志状态	DL=00 关闭 CTRL-Break 检测 =01 打开 CTRL-Break 检测
35	取中断向量	AL=中断类型	ES:BX=中断向量
36	取空闲磁盘空间	DL=驱动器号 0=默认，1=A，2=B…	成功：AX=每簇扇区数 BX=可用簇数 CX=每扇区字节数 DX=磁盘总簇数
38	置/取国别信息	AL=00 或取当前国别信息 =FF 国别代码放在 BX 中 DS:DX=信息区首地址 DX=FFFF 设置国别代码	BX=国别代码（国际电话前缘码） DS:DX=返回信息区码首址 AX=错误代码
39	建立子目录	DS:DX=ASCIZ 串地址	AX=错误码
3A	删除子目录	DS:DX=ASCIZ 串地址	AX=错误码
3B	设置目录	DS:DX=ASCIZ 串地址	AX=错误码
3C	建立文件（handle）	DS:DX=ASCIZ 串地址 CX=文件属性	成功：AX=文件代号 失败：AX=错误码
3D	打开文件（handle）	DS:DX=ASCIZ 串地址 AL=访问和文件共享方式 0=读，1=写，2=读/写	成功：AX=文件代号　失败：AX=错误码
3E	关闭文件（handle）	BX=文件代号	失败：AX=错误码
3F	读文件设备（handle）	DS:DX=ASCIZ 串地址 BX=文件代号 CX=读取的字节数	成功：AX=实际读入的字节数 AX=0 已到文件尾 失败：AX=错误码
40	写文件或设备（handle）	DS:DX=ASCIZ 串地址 BX=文件代号 CX=写入的字节数	成功：AX=实际读入的字节数 失败：AX=错误码
41	删除文件	DS:DX=ASCIZ 串地址	成功：AX=00 失败：AX=错误码
42	移动文件指针	BX=文件代号 CX:DX=位移量 AL=移动方式	成功：DX:AX=新指针位置 失败：AX=错误码
43	置/取文件属性	DS:DX=ASCIZ 串地址 AL=00 取文件属性 AL=01 置文件属性 CX=文件属性	成功：CX=文件属性 失败：AX=错误码

（续表）

AH	功　能	调用参数	返回参数
44	设备驱动程序控制	BX=文件代号 AL=设备子功能代码（0-11H） 0=取设备信息 1=置设备信息 3=写字符设备 4=读块设备 5=写块设备 6=取输入状态 7=取输出状态，… BL=驱动器代码 CX=读/写的字节数	成功：DX=设备信息 AX=传送的字节数 失败：AX=错误码
45	复制文件号	BX=文件代号 1	成功：AX=文件代号 2 失败：AX=错误码
46	强行复制文件代号	BX=文件代号 1 CX=文件代号 2	失败：AX=错误码
47	取当前目录路径名	DL=驱动器号 DS:SI=ASXIZ 串地址（从根目录开始路径名）	成功 DS：SI=ASXIZ 串地址 失败：AX=错误码
48	分配内存空间	BX=申请内存字节数	成功：AX=分配内存的初始段地址 失败：AX=错误码 BX=最大可用空间
49	释放已分配内存	ES=内存起始段地址	失败：AX=错误码
4A	修改内存分配	ES=原内存起始段地址 BX=新申请内存字节数	失败：AX=错误码 BX=最大可用空间
4B	装入/执行程序	DS:DX=ASCIZ 串地址 ES:BX=参数区首地址 AL=00 装入并执行程序 =01 装入程序，但不执行	失败：AX=错误码
4C	带返回码终止	AL=返回码	
4D	取返回代码		AL=子出口代码 AH=返回代码 00=正常终止 01=用 Ctrl-C 终止 02=严重设备错误终止 03=用功能调用 31H 终止
4E	查找第一个匹配文件	DS:DX=ASCIZ 串地址 CX=属性	失败：AX=错误码
4F	查找下一个匹配文件	DTA 保留 4EH 的原始信息	失败：AX=错误码
50	置 PSP 段地址	BX=新 PSP 段地址	
51	取 PSP 段地址		BX=当前运行进行的 PSP
52	取磁盘参数块		ES:BX=参数块链表指针
53	把 BIOS 参数块转换为 DOS 的驱动器参数块（DPB）	ES:BP=DPB 的指针	
54	取写盘后读盘的检验标志		AL=00 检验关闭 =01 检验打开

AH	功　　能	调用参数	返回参数
55	建立 PSP		DX=建立 PSP 的段地址
56	文件改名	DS:DX=当前 ASCIZ 串地址	失败：AX=错误码
			ES:DI=新 ASCIZ 串地址
57	置/取文件日期和时间	BX=文件代号	失败：AX=错误码
		AL=00 读取日期和时间	
		=01 设置日期和时间	
		（DX:CX）=日期:时间	
58	取/置内存分配策略	AL=00 取策略代码	成功：AX=策略代码
		AL=01 置策略代码	失败：AX=错误码
		BX=策略代码	
59	取扩充错误码	BX=00	AX=扩充错误码 BH=错误类型 BL=建议的操作 CH=出错设备代码
5A	建立临时文件	CX=文件属性 DS:DX=ASCIZ 串（以\结束）地址	成功：AX=文件代号 DS:DX=ASCIZ 串地址失败错误代码
5B	建立新文件	CX=文件属性 DS:DX=ASCIZ 串地址	成功：AX=文件代号失败：AX=错误代码
5C	锁定文件存取	AL=00 锁定文件指定的区域 　　=01 开锁 BX=文件代号 　CX:DX=文件区域偏移值 　SI:DI=文件区域的长度	失败：AX=错误代码
5D	取/置严重错误标志的地址	AL=06 取严重错误标志地址 AL=0A 置 ERROR 结构指针	DS:SI=严重错误标志的地址
60	扩展为全路径名	DS:SI=ASCIZ 串的地址 ES:DI=工作缓冲区地址	失败：AX=错误代码
62	取程序段前缀地址		BX=PSP 地址
68	刷新缓冲区数据到磁盘	AL=文件代号	失败：AX=错误代码
6C	扩充的文件打开/建立		成功：AX=文件代号 CX=采取的动作 失败：AX=错误代码

附录 4　BIOS 系统功能调用

INT	AH	功　　能	调用参数	返回参数
10	0	设置显示方式	AL=00 40×25 黑白文本，16 级灰度 =01 40×25 16 色文本 =02 80×25 黑白文本，16 级灰度 =03 80×25 16 色文本 =04 320×200 4 色图形 =05 320×200 黑白图形，4 级灰度 =06 640×200 黑白图形 =07 80×25 黑白文本 =08 160×200 16 色图形（MCGA） =09 320×200 16 色图形（MCGA） =0A 640×200 4 色图形（MCGA） =0D 320×200 16 色图形（EGA/VGA） =0E 640×200 16 色图形（EGA/VGA） =0F 640×350 单色图形（EGA/VGA） =10 640×350 16 色图形（EGA/VGA） =11 640×480 黑白图形（VGA） =12 640×480 16 色图形（VGA） =13 320×200 256 色图形（VGA）	
10	1	置光标类型	CH0–3=光标起始行 CL0–3=光标结束行	
10	2	置光标位置	BH=页号　　DH/DL=行/列	
10	3	读光标位置	BH=页号	CH=光标起始行 CL=光标结束行 DH/DL=行/列
10	4	读光笔位置		AH=00 光笔未触发 =01 光笔触发 CH/BX=像素行/列 DH/DL=光笔字符行/列数
10	5	置当前显示页	AL=页号	
10	6	屏幕初始化或上卷	AL=0 初始化窗口 AL=上卷行数 BH=卷入行属性 CH/CL=左上角行/列号 DH/DL=右下角行/列号	
10	7	屏幕初始化或下卷	AL=0 初始化窗口 AL=下卷行数 BH=卷入行属性 CH/CL=左上角行/列号 DH/DL=右下角行/列号	
10	8	读光标位置的字符和属性	BH=显示页	AH/AL=字符/属性
10	9	在光标位置显示字符和属性	BH=显示页　AL/BL=字符/属性 CX=字符重复次数	

INT	AH	功　能	调用参数	返回参数
10	A	在光标位置显示字符	BH=显示页　AL=字符　CX=字符重复次数	
10	B	置彩色调色板	BH=彩色调色板 ID BL=和 ID 配套使用的颜色	
10	C	写像素	AL=颜色值　BH=页号　DX/CX=像素行/列	
10	D	读像素	BH=页号　　DX/CX=像素行/列	AL=像素的颜色值
10	E	显示字符（光标前移）	AL=字符　　BH=页号　　BL=前景色	
10	F	取当前显示方式		BH=页号 AH=字符列数 AL=显示方式
10	10	置调色板寄存器（EGA/VGA）	AL=0，BL=调色板号，BH=颜色值	
10	11	装入字符发生器（EGA/VGA）	AL=0～4 全部或部分装入字符点阵集 AL=20～24 置图形方式显示字符集	
			AL=30 读当前字符集信息	ES:BP=字符集位置
10	12	返回当前适配器设置的信息（EGA/VGA）	BL=10H（子功能）	BH=0 单色方式 =1 彩色方式 BL=VRAM 容量 （0=64K，1=128K，…） CH=特征位设置 CL=EGA 的开关位置
10	13	显示字符串	ES:BP=字符串地址 AL=写方式（0～3）	
			CX=字符串长度　　DH/DL=起始行/列 BH/BL=页号/属性	
11		取设备清单		AX=BIOS 设备清单字
12		取内存容量		AX=字节数（KB）
13	0	磁盘复位	DL=驱动器号（00，01 为软盘，80，81，…，为硬盘）	失败：AH=错误码
13	1	读磁盘驱动器状态		AH=状态字节
13	2	读磁盘扇区	AL=扇区数　　$CL_{6,7}CH_{0\sim7}$=磁道号 $CL_{0\sim5}$=扇区号 DH/DL=磁头号/驱动器号 ES：BX=数据缓冲区地址	读成功：AH=0 AL=读取的扇区数 读失败：AH=错误码
13	3	写磁盘扇区	同上	写成功：AH=0 AL=写入的扇区数 写失败：AH=错误码
13	4	检验磁盘扇区	AL=扇区数　　$CL_{6,7}CH_{0\sim7}$=磁道号 $CL_{0\sim5}$=扇区号 DH/DL=磁头号/驱动器号	成功：AH=0 AL=检验的扇区数 失败：AH=错误码
13	5	格式化盘磁道	AL=扇区数　　$CL_{6,7}CH_{0\sim7}$=磁道号 $CL_{0\sim5}$=扇区号 DH/DL=磁头号/驱动器号 ES：BX=格式化参数表指针	成功：AH=0 失败：AH=错误码

（续表）

INT	AH	功　　能	调用参数	返回参数
14	0	初始化串行口	AL=初始化参数　DX=串行口号	AH=通信口状态 AL=调制解调器状态
14	1	向通信口写字符	AL=字符　DX=通信口号	写成功：$AH_7=0$ 写失败：$AH_7=1$ CH_{0-6}=通信口状态
14	2	从通信号读字符	DX=通信口号	读成功：$AH_7=0$ AL=字符 读失败：$AH_7=1$
14	3	取通信号状态	DX=通信号	AH=通信口状态 AL=调制解调器状态
14	4	初始化扩展 COM		
14	5	扩展 COM 控制		
15	0	启动盒式磁带机		
15	1	停止修理工磁带机		
15	2	磁带分块读	ES:BX=数据传输区地址　CX=字节数	AH=状态字节 =00 读成功 =01 冗余检验错 =02 无数据传输 =04 无引导 =80 非法命令
15	3	磁带分块读	DS:BX=数据传输区地址　CX=字节数	AH=状态字节（同上）
16	0	从键盘读字符		AL=字符码 AH=扫描码
16	1	取键盘缓冲区状态		ZF=0 AL=字符码 AH=扫描码 ZF=1 缓冲区无按键等待
16	2	取键盘标志字节		AL=键盘标志字节
17	0	打印字符回送状态字节	AL=字符　DX=打印机号	AH=打印机状态字节
17	1	初始化打印机回送状态字节	DX=打印机号	AH=打印机状态字节
17	2	取打印机状态	DX=打印机号	AH=打印机状态字节
18		ROW BASIC 语言		
19		引导装入程序		
1A	0	读时钟		CH:CL=时：分 DH:DL=秒：1/100 秒
1A	1	置时钟	CH:CL=时：分 DH:DL=秒：1/100 秒	
1A	6	置报警时间	CH:CL=时：分（BCD） DH:DL=秒：1/100 秒（BCD）	
1A	7	清除报警		

INT	AH	功 能	调用参数	返回参数
33	00	鼠标复位	AL=00	AX=0000 硬件未安装 =FFFF 硬件已安装 BX=鼠标的键数
33	00	显示鼠标光标	AL=01	显示鼠标光标
33	00	隐藏鼠标光标	AL=02	隐藏鼠标光标
33	00	读鼠标状态	AL=03	BX=键状态 CX/DX=鼠标水平/垂直位置
33	00	设置鼠标位置	AL=04 CX/DX=鼠标水平/垂直位置	
33	00	设置图形光标	AL=09 BX/CX=鼠标水平/垂直中心 ES:DX=16×16 光标映像地址	安装了新的图形光标
33	00	设置文本光标	AL=0A BX=光标类型 CX=象素位掩码或其始的扫描线 DX=光标掩码或结束的扫描线	设置的文本光标
33	00	读移动计数器	AL=0B	CX/DX=鼠标水平/垂直距离
33	00	设置中断子程序	AL=0C CX=中断掩码 ES:DX=中断服务程序的地址	

附录 5 Debug 命令表

命 令	功 能	格 式
A（Assmble）	汇编语句	A[address]
C（Compare）	比较内存	C range address
D（Dump）	显示内存	D [address]
E（Enter）	改变内存	E address list
F（Fill）	填充内存	F range list
G（GO）	执行程序	G [address]
H（Hexarthmetic）	十六进制运算	H Value Value
I（Input）	输入	I port address
L（Load）	装入内存	L[address]
M（Move）	传送内存	M range range
N（Name）	定义文件	N [d:][path]filename[.com]
O（out put）	输出字节	O port address byte
Q（Quit）	退出 DEBUG 状态	Q
R（（Register）	显示寄存器	R[register name]
S（Search）	检索字符	S rang list
T（Trace）	单步/多步跟踪	T orT[address][value]
U（Unassmble）	反汇编	U [address]orU[range]
W（Write）	文件或数据写盘	W [address[drive sector sector]]

附录 6 ASCII 码的编码方案

高位 低位	000	001	010	011	100	101	110	111
0000	NUL	DEL	SP	0	@	P	`	p
0001	SOH	DC1	!	1	A	Q	a	q
0010	STX	DC2	"	2	B	R	b	r
0011	ETX	DC3	#	3	C	S	c	s
0100	EOT	DC4	$	4	D	T	d	t
0101	ENQ	NAK	%	5	E	U	e	u
0110	ACK	SYN	&	6	F	V	f	v
0111	BEL	ETB	'	7	G	W	g	w
1000	BS	CAN	(	8	H	X	h	x
1001	HT	EM	)	9	I	Y	i	y
1010	LF	SUB	*	:	J	Z	j	z
1011	VT	ESC	+	;	K	[	k	{
1100	FF	FS	<	L	\	l		
1101	CR	GS	-	=	M	]	m	}
1110	SO	RS	.	>	N	^	n	~
1111	SI	US	/	?	O		o	Del

参 考 文 献

[1] 戴梅萼，史嘉权. 微型计算机技术及应用（第四版）. 北京：清华大学出版社，2008

[2] 周明德. 微型计算机系统原理及应用（第四版）. 北京：清华大学出版社，2002

[3] 冯博琴，吴宁. 型计算机原理与接口技术（第二版）. 北京：清华大学出版社，2007

[4] 艾德才. 微型计算机（Pentium）原理与接口技术. 北京：高等教育出版社，2004

[5] 姚燕南，薛均义. 微型计算机原理（第四版）. 西安：西安电子科技大学出版社，2000

[6] 杨季文. 80X86 汇编语言程序设计教程. 北京：清华大学出版社，2004

[7] 王玉良，吴晓非，张琳，禹可. 微机原理与接口技术（第 2 版）. 北京：北京邮电大学出版社，2007

[8] 李继灿. Intel 8086-Pentium4 后系列微机原理与接口技术. 北京：清华大学出版社，2010

[9] 沈美明，温冬婵. IBM-PC 汇编语言程序设计（第 2 版）. 北京：清华大学出版社，2007

[10] 钱晓捷，陈涛. 16/32 位微机原理、汇编语言及接口技术（第 2 版）. 北京：机械工业出版社，2007

[11] 马义德，张在峰，徐光柱，杜桂芳. 微型计算机原理及应用（第三版）. 北京：高等教育出版社，2004

[12] 张小鸣. 微机原理与接口技术. 北京：清华大学出版社，2009

[13] 朱定华. 微机原理、汇编与接口技术（第二版）. 北京：清华大学出版社，2010

[14] 陆志才. 微型计算机组成原理（第 2 版）. 北京：高等教育出版社，2009

[15] 谢瑞和，翁虹，张士军，杨明. 32 位微型计算机原理与接口技术. 北京：高等教育出版社，2004

[16] 原菊梅，田生喜. 微型计算机原理及其接口技术. 北京：机械工业出版社，2007

[17] 徐晨，陈继红，王春明，徐慧. 微机原理及应用. 北京：高等教育出版社，2005

[18] 尹建华，张惠群. 微型计算机原理与接口技术（第 2 版）. 北京：高等教育出版社，2009